超図解

野菜の仕立て方の裏ワザ

よく育つ！よく採れる！

『やさい畑』菜園クラブ 編

家の光協会

はじめに

家庭菜園を楽しんでいる人であれば、よりおいしい野菜を作りたい、少しでも収穫量を増やしたいという願いを、誰もが持っているでしょう。あるいは、病虫害を減らしたい、収穫をより長い期間楽しみたい、小さなスペースでなるべく労力をかけずに育てたいという願いもあるかと思います。

こうした「初心者レベルの家庭菜園から一歩進んだ栽培に挑戦したい」という思いをかなえるなら、野菜の「仕立て方」を工夫することをおすすめします。というのも、野菜は、〝どう育てるか〟でその出来栄えが大きく変わってくるからです。たとえば、同じキュウリの苗を同じ環境下で植えつけたとしてても、つるを何本伸ばすのか、何節めに実をつけさせるかによって、生育ぐあいや収穫量に大きな差がついてくるのです。

この本では、家庭菜園雑誌『やさい畑』でも活躍する12人の野菜づくりの達人による、19品種・49とおりの野菜の仕立て方を紹介しています。トマトの「Uターン仕立て」やナスの「四方展開仕立て」、イチゴの「ハンモック仕立て」などのユニークな仕立てワザを、図解でわかりやすく解説しました。多くの園芸書などで紹介される一般的な仕立て方とは違う裏ワザが満載なので驚きもあるはずですが、実際に野菜を作ってみれば、そのアイデアがもたらす効果にもう一度驚くはずです。

　裏ワザといっても、特別な資材や大きなスペースを必要とするものはほとんどありません。逆に、紹介しているのは、支柱や園芸用ネットなどの一般的な資材や、コンテナやポリ袋などの身近な道具を工夫して活用する仕立て方ばかりです。規模に制限がある家庭菜園で、ワンランク上の野菜づくりに挑戦する人にはぴったりなはずです。また、それぞれの野菜の基本の仕立て方のほか、土づくりや植えつけ、施肥、マルチングの方法、道具や資材の使い方などの基礎情報もまとめて掲載しているので、家庭菜園初心者もこの一冊でおいしい野菜づくりに挑戦できます。

　栽培方法を自分なりに工夫して、よりよい野菜を収穫するのは、家庭菜園の醍醐味です。野菜の達人たちが長年の経験から生み出した「野菜の仕立て方の裏ワザ」を参考に、創意工夫にあふれた菜園ライフを楽しんでいただけたら幸いです。

『やさい畑』菜園クラブ

よく育つ！　よく採れる！
超図解 野菜の仕立て方の裏ワザ

［目次］

Part 1 果菜類

トマト

ナス

キュウリ

Contents

Part 2 葉菜類

Part 3 根菜類

サツマイモ

ジネンジョ

畑づくりの基礎知識

Part 1

果菜類

トマト

比較的涼しくて乾燥した環境を好むトマトは、日本の高温多湿な夏が苦手です。その点で、わき芽をすべて摘み取った主枝1本仕立ては、茎葉が混み合わず風通しがよくなるので、多湿を嫌うトマトの栽培に適しています。大玉をはじめ、中玉やミニにも向いた基本的な仕立て方です。

　わき芽を取らずにいると、養分が分散してよい実がつきにくくなるので、定期的にわき芽取りをします。本葉のつけ根から伸びるわき芽は見つけやすいので、初心者でも難しくありません。

　栽培後半になり、主枝が支柱の先まで伸びてきたら、摘芯して伸びを止めて、養分を実に集中させましょう。

　雨などで土壌水分が急激に変化すると、裂果や病気の原因になります。できれば、株の上をフィルムなどで覆って雨よけをしましょう。

基本の育てワザ

- すべてのわき芽をかいて、主枝1本に
- 1番果がピンポン玉大になったら追肥を開始。以後、2～3週間ごとの追肥を続ける
- 主枝が支柱の高さに届いたら、摘芯する
- 裂果を防ぐため、雨よけ栽培が望ましい

追肥のタイミング

1回め

1番果がピンポン玉大のとき

追肥を急ぐと茎葉が茂りすぎて花や実のつきが悪くなることがあるので、最初の追肥は1段めの果実がピンポン玉大になったとき。中玉やミニの場合は、1段めが着果したときに、株元に施肥する。

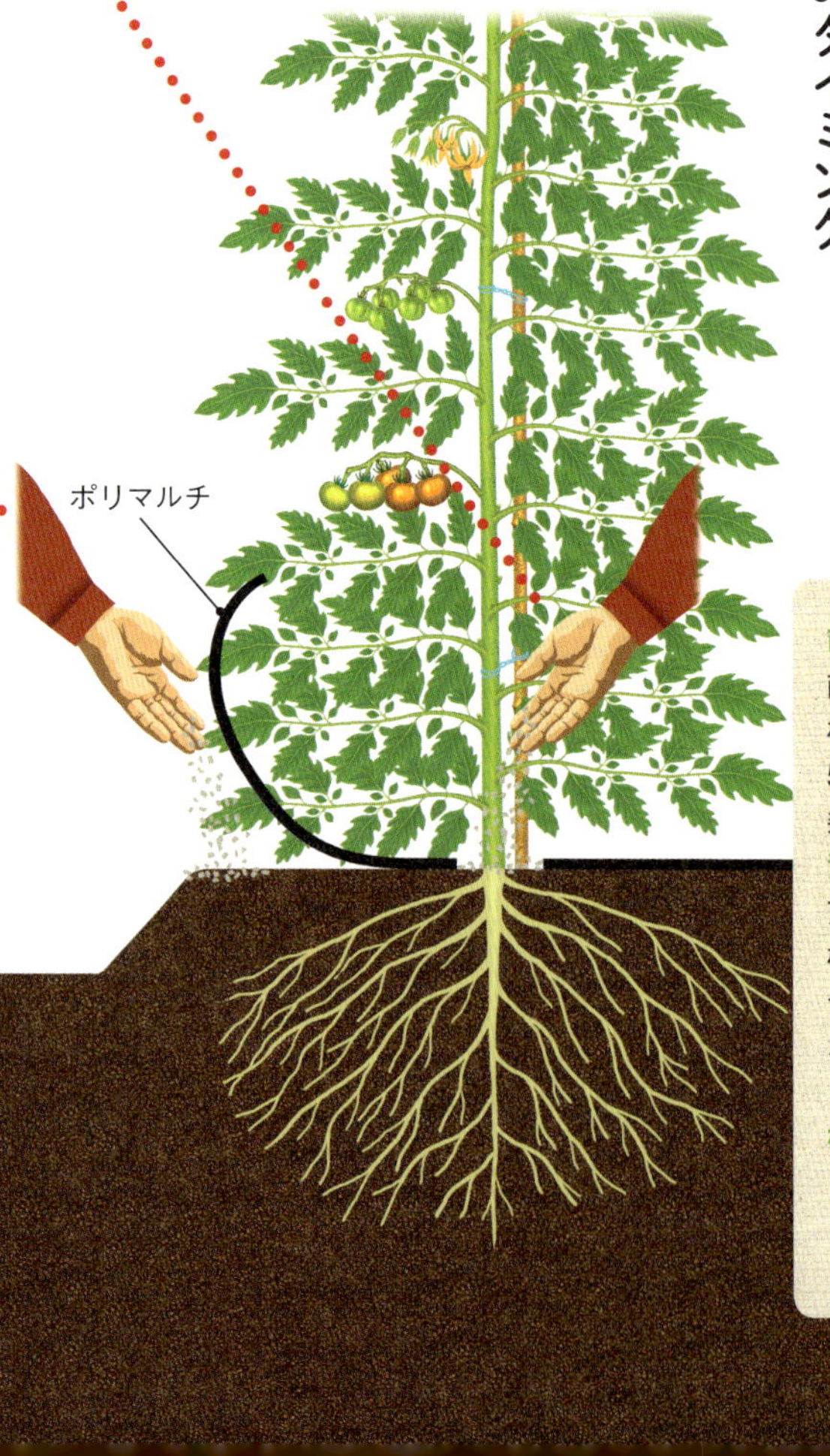

2回め以降

2～3週間おきに

2回め以降は、2～3週間おきに追肥する。肥料はおもに根の先端部から吸収されるので、畝の両側に肥料をまいて土寄せするほか、株のまわりに支柱などを突き刺してあけた穴に肥料をまく。

栽培データ

畝（2条植え）

畝幅：120㎝

株間：50㎝（中玉、ミニは45～50㎝でもよい）

条間：60㎝

資材

支柱（長さ210～240㎝の支柱を株わきに立てる。2条植えの場合は合掌式が頑丈でおすすめ）

ポリマルチ、誘引用のひも、フィルム、アーチパイプ

植えつけ時期

（一般地）4月下旬～5月中旬

（寒冷地）5月中旬～6月上旬

（温暖地）4月上旬～4月下旬

基本の仕立て

主枝1本仕立て

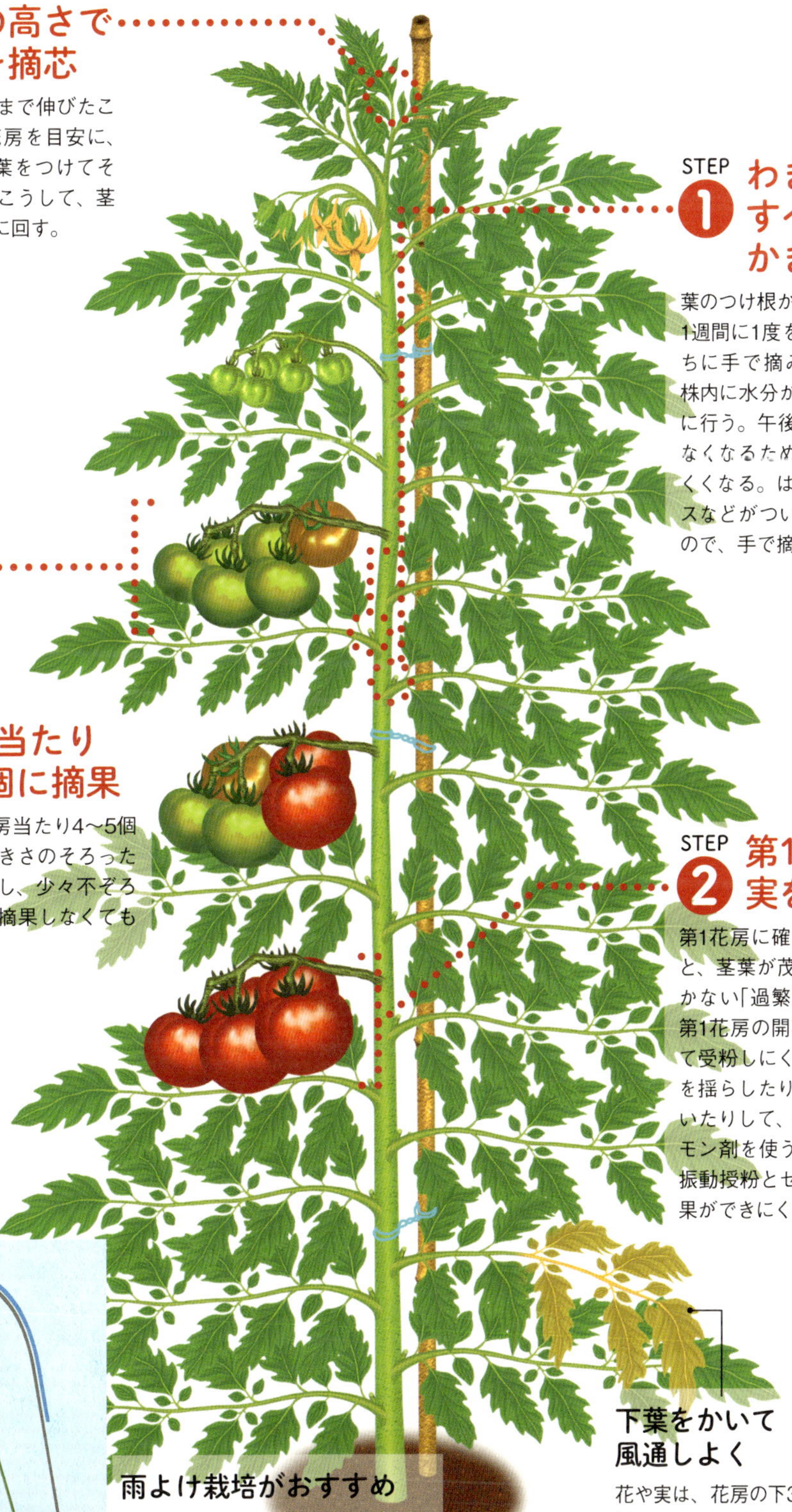

STEP 1
わき芽はすべてかき取る

葉のつけ根から伸びるわき芽を、1週間に1度を目安に、小さいうちに手で摘み取る。芽かきは、株内に水分が十分にある午前中に行う。午後になると水分が少なくなるため、ポキッと折れにくくなる。はさみの刃にウイルスなどがついていることがあるので、手で摘み取るのがコツ。

STEP 2
第1花房に実をならせる

第1花房に確実に着果させないと、茎葉が茂るばかりで実がつかない「過繁茂」になりやすい。第1花房の開花時は気温が低くて受粉しにくいので、手で花房を揺らしたり、主枝を軽くたたいたりして、受粉を促す。ホルモン剤を使う場合も、こうした振動授粉とセットで行うと空洞果ができにくくなる。

STEP 3
1果房当たり4〜5個に摘果

大玉の場合、1果房当たり4〜5個に摘果すると、大きさのそろった実ができる。ただし、少々不ぞろいでもよければ、摘果しなくても問題ない。

STEP 4
支柱の高さで主枝を摘芯

主枝が支柱の先端まで伸びたころ、5〜6段めの花房を目安に、花房の上に2枚の葉をつけてその先を切り取る。こうして、茎葉へ行く養分を実に回す。

下葉をかいて風通しよく

花や実は、花房の下3枚の葉から養分を得ているので、それより下の葉は取ってもよい。とくに、黄色くなった下葉は適宜切り取り、風通しをよくする。

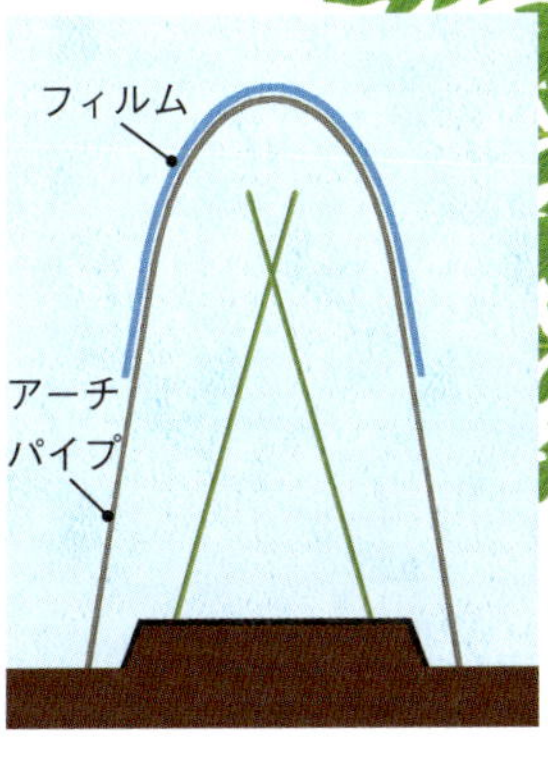

雨よけ栽培がおすすめ

裂果や病気の発生を防ぐため、株の上部をフィルムで覆い、雨よけにする。植えつけ後に設置してもよい。

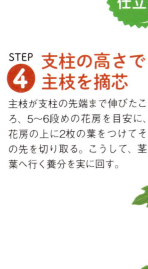

裏ワザ 1

Uターン仕立て

こう変わる!

→主枝1本仕立ての発展型なので、整枝が簡単
→基本の仕立てから、生育ぐあいをみて
切り替えることができる
→10段以上の収穫が可能。長期収穫ができて
多収になる

基本の仕立て（P10～11）と同じ主枝1本に仕立てますが、主枝が支柱の高さに達しても摘芯せずに、反対側に垂らすように伸ばす仕立て方です。

トマトの枝はねじりに強いので、枝をつぶし、折れないようにていねいに捻枝《ねんし》（枝をねじって曲げること）します。通常の仕立てだと収穫は5～6段止まりですが、摘芯をしないので10段以上も可能。

ただし、栽培期間が長くなる分、定期的な追肥で株疲れを防ぐ必要があります。中玉、ミニに向く仕立て方です。

栽培データ

畝(2条植え)
畝幅：120㎝
株間：45～50㎝　条間：60㎝
資材
支柱(長さ210～240㎝の支柱を上部で交差するように合掌式に立てる)
ポリマルチ、誘引用のひも

STEP 1 わき芽をすべて取り、主枝1本仕立てに

株のわきに立てる支柱は、荷重がかかっても安定しやすく、風に強い合掌式が向く。交差した所の上に支柱を横に渡してひもでしっかりと縛る。植えつけ時は2条植えにして、すべてのわき芽を摘み取る主枝1本仕立てにする。

STEP 2 長期栽培に耐えうる追肥をする

1条植えの場合は、すべての株をUターンさせてよい。ただし、大玉の場合は1段めの果実がピンポン玉大になったら、中玉、ミニの場合は果実が大きくなり始めたら追肥を始め、株疲れさせないよう、以後2週間おきに追肥する。

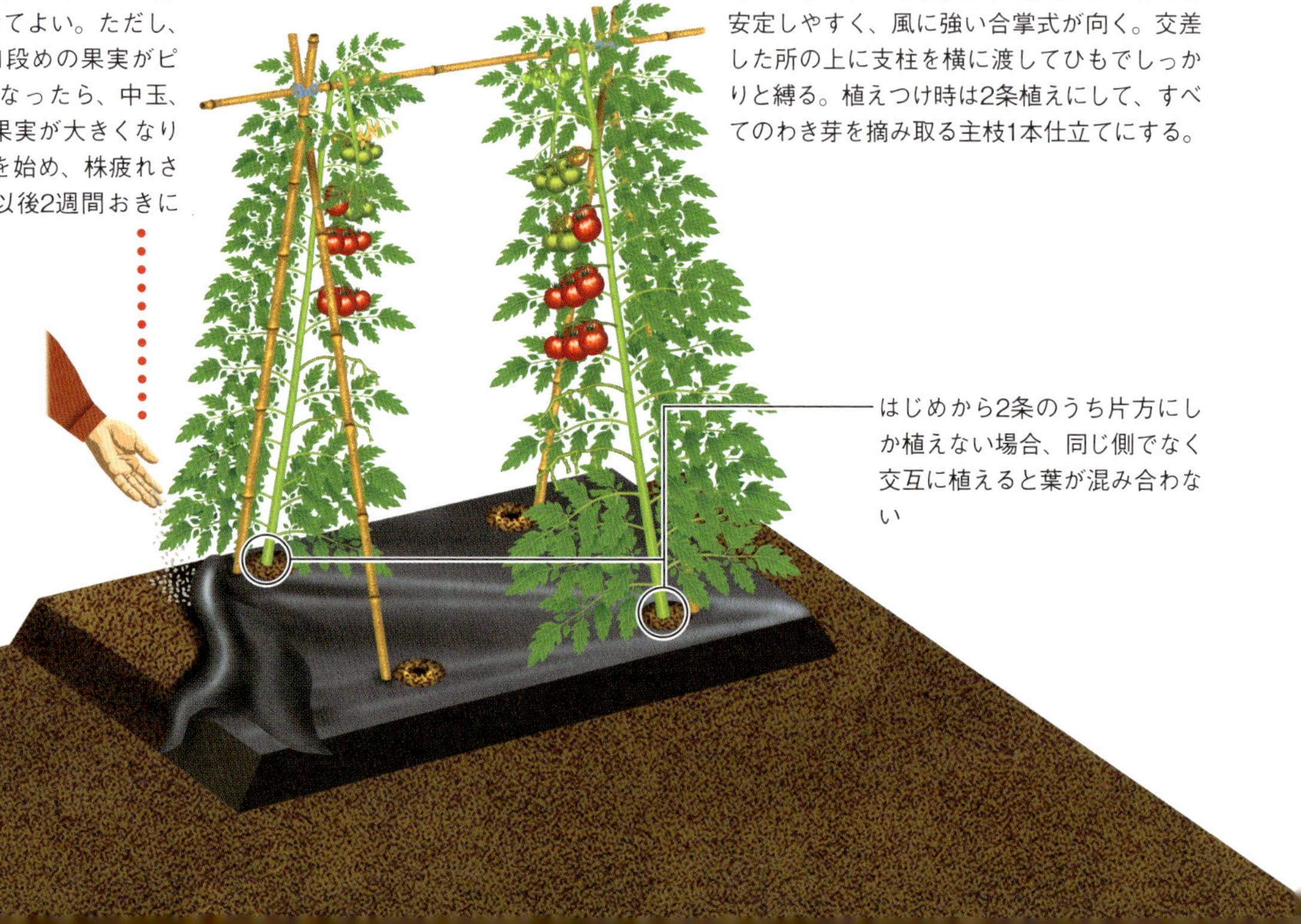
はじめから2条のうち片方にしか植えない場合、同じ側でなく交互に植えると葉が混み合わない

STEP 3 向かい合う株のうち1つを引き抜く

主枝はところどころひもで誘引していく。2条植えにしたすべての株をUターンさせると茎葉が混み合うので、向かい合う2株のうち生育のよいほうを残し、もう一方はUターンさせる前の段階で引き抜き片づける。

STEP 4 主枝が支柱を超えたら捻枝する

主枝が支柱を超えたら捻枝して、反対側に枝を垂らす。捻枝をするのは、株に水分が少なく、枝がしんなりしている午後が適している。捻枝する部分は、ポキッと折れてしまわないよう、指で潰してからねじるとよい。

STEP 5 下葉はどんどん取る

黄色くなった下葉や、収穫の終わった果房より下の葉は適宜切り取る。風通しと日当たりがよくなり、病害虫の防除にも効果がある。

STEP 6 わき芽が多ければ摘み取る

Uターン後はわき芽の出が弱いことが多いので、主枝は放任してよい。ただし、草勢が強くわき芽がたくさん出てきた場合は早めに摘み取り、主枝1本に整枝する。

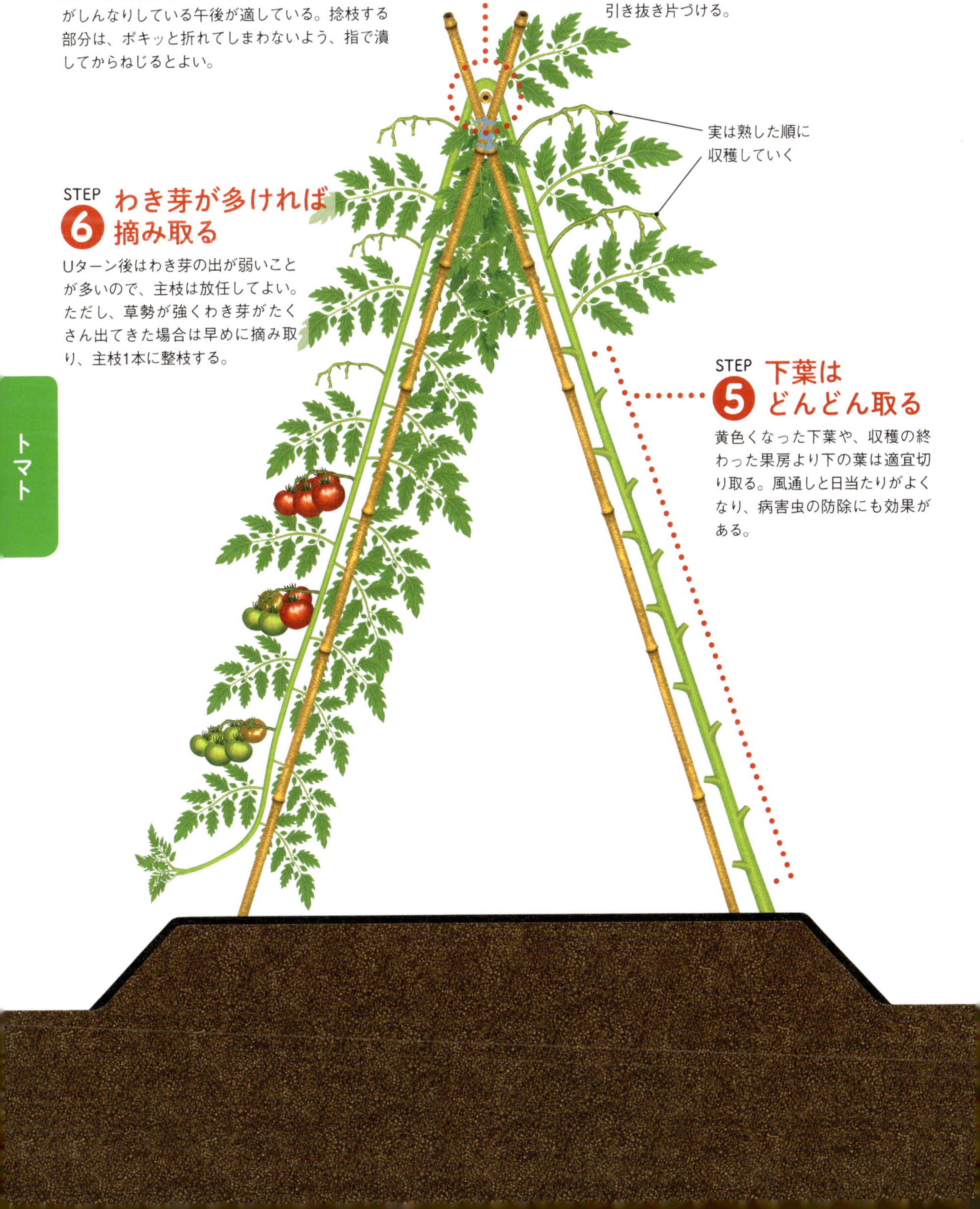

裏ワザ 2 主枝更新仕立て

こう変わる！

→主枝から側枝へのリレー栽培で、霜が降りるまで長く収穫できる
→夏・秋の2期収穫するので、畑や株の再準備が不要
→栽培中期に出たわき芽を生かすため、最後まで生育が旺盛

栽培データ

畝(2条植え)
畝幅：120cm　株間：45〜50cm
条間：60cm
資材
支柱(長さ210〜240cmの支柱を上部で交差するように合掌式に立てる)
ポリマルチ、誘引用のひも

トマトは高温と多湿が苦手で、通常、8月になるとよい実がならなくなります。そこで、主枝を切り戻して株をリフレッシュさせ、秋の初めにもう一度トマトを収穫する方法があります。暑さが一段落すると草勢が回復し、秋トマトが楽しめるようになります。

ただし、株の状態によっては草勢が回復しないこともあるので、敷きわらをして地温の上昇を抑えることで、株の衰弱をできるだけ防ぎます。

STEP 1 主枝1本で仕立て、支柱の高さで摘芯

夏の収穫までは、基本の仕立て(P10〜11)と同様。主枝が支柱の高さに届いたら摘芯する。主枝を摘芯するとわき芽が旺盛に伸びるようになり、一度摘み取った所からもふたたび出てくる。

STEP 2 勢いのよいわき芽を伸ばす

7月上旬〜中旬、下の方から伸びるわき芽の中から元気のよいものを、予備を含めて2本残し、ほかを摘み取る。地際から伸びたわき芽は摘み取る。主枝に実るトマトは順次収穫していく。

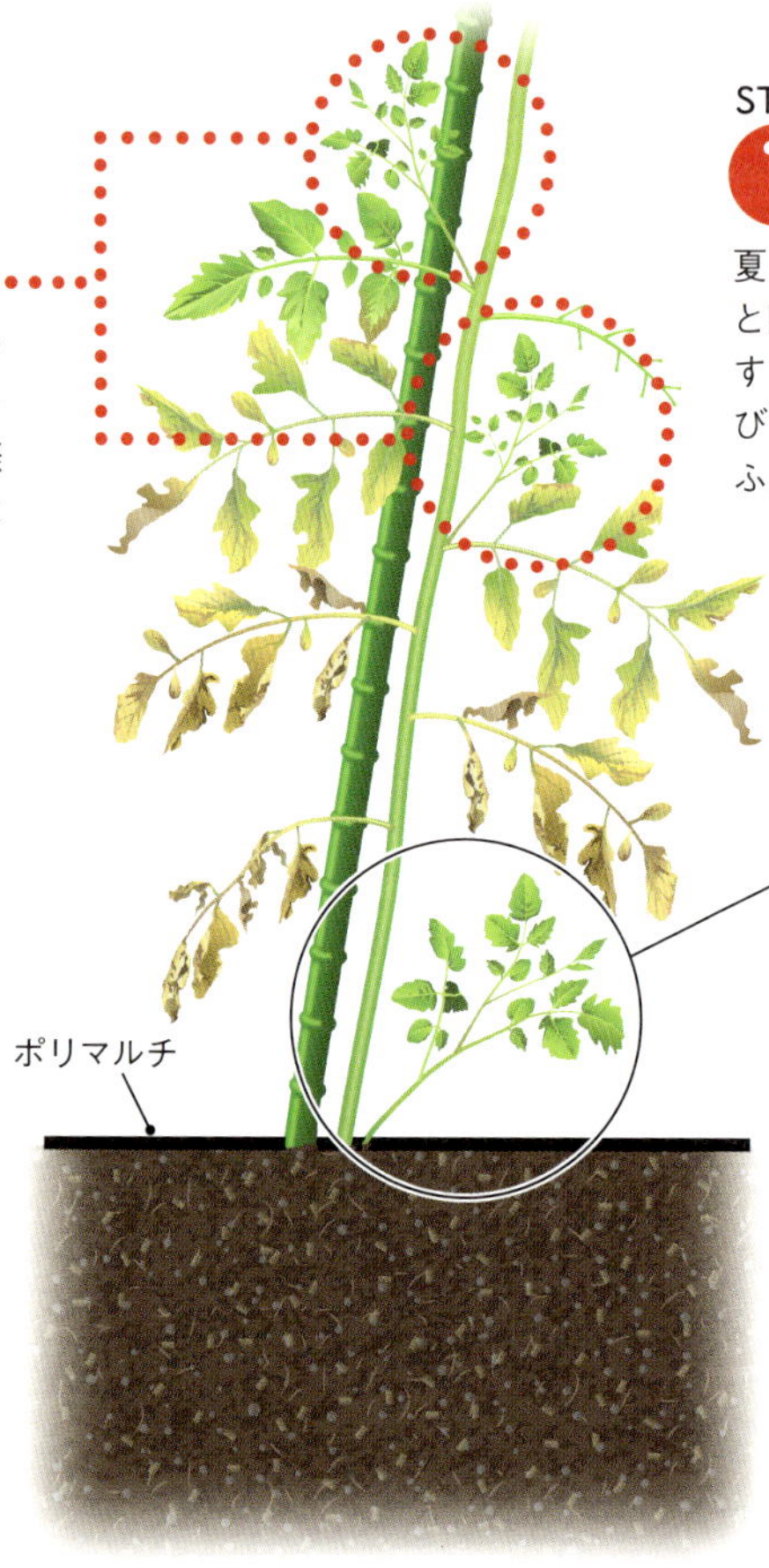

接ぎ木苗を植えた場合、地際から出るわき芽は、台木から伸びた芽の可能性があるので、摘み取る

主枝と支柱で
わき芽を誘引する

STEP 5 主枝を切り戻す

8月中旬～下旬、よい実がならなくなったら、育てていた2本のわき芽のうち、勢いのよいものを1本残し、予備のわき芽を切り取る。わき芽より上の主枝を、わき芽を傷つけないように注意して切る。

STEP 3 わき芽を誘引する

日がたっぷり当たるよう、育てるわき芽を株の外側に引き出し、折れないように緩めに誘引する。

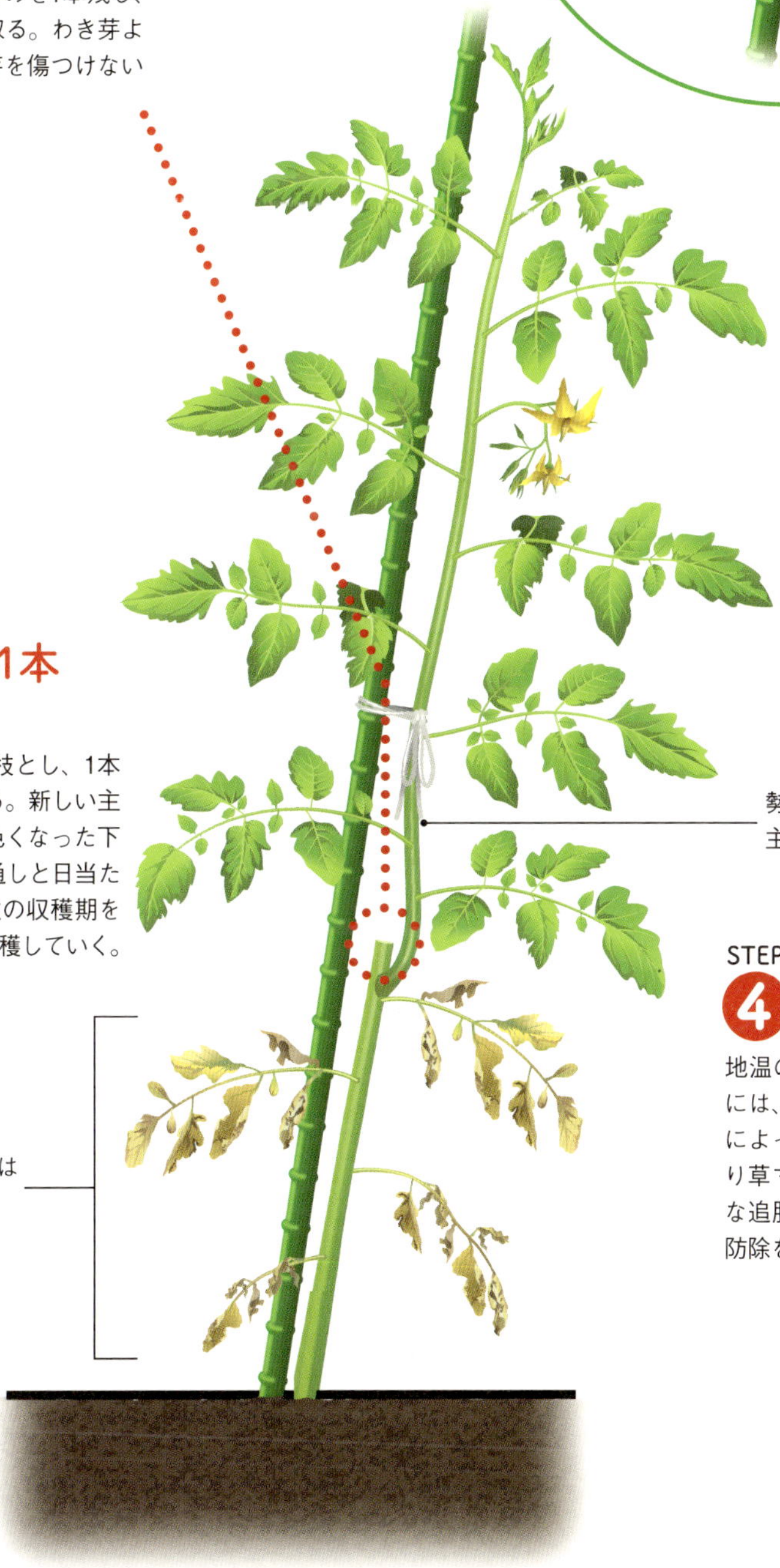
勢いのよいわき芽を、新たな
主枝として伸ばす
枯れた下葉は
切り取る

STEP 6 ふたたび1本仕立てに

残した側枝を新しい主枝とし、1本仕立てで支柱に誘引する。新しい主枝から出たわき芽と黄色くなった下葉は適宜切り取り、風通しと日当たりをよくする。以後、秋の収穫期を迎えたら、夏と同様に収穫していく。

STEP 4 土壌環境を整える

地温の上昇を抑えるため、高温期には、ポリマルチを剥がす。場合によっては、株元に敷きわらや刈り草マルチをするとよい。定期的な追肥で肥料切れを防ぎ、病害虫防除を徹底する。

裏ワザ3 連続摘芯仕立て

こう変わる！

→主枝1本仕立てより枝が長くなる分、実の数が多くなる
→わき芽を左右に曲げて仕立てるので、草丈が低く抑えられて管理がラク
→捻枝をすることで、養分が実に集中して甘くなる

側枝を次々と伸ばしていく栽培法で、1株当たりの収量を増やします。支柱の使用法もシンプルです。

主枝に果房が2つついたらその先を摘芯してわき芽を1本伸ばします。そのわき芽も果房が2つついたら同様に摘芯し、またそこから出るわき芽を1本伸ばします。これをリレースタイルで繰り返します。大玉、中玉向きで、葉数も着果数も多くなるので肥料は2～3割増に。1回の施肥量を増やすのではなく、追肥の間隔を短くして調整しましょう。

栽培データ

畝(1条植え)
畝幅：90cm　株間：70cm
資材
支柱(長さ210cmの支柱を株のわきに垂直に立てる)
ポリマルチ、誘引用のひも
＊畝幅、株間とも広くとる。草丈が伸びたら、斜めに支柱を足して補強するとよい

STEP 1 主枝を摘芯し、第2果房の下のわき芽を伸ばす

第2果房が着果したら、その上の葉2枚を残して主枝を摘芯する。第2果房のすぐ下のわき芽だけを残し、それ以外のわき芽をすべてかき取る。第1果房の下のわき芽は、勢いはあるものの、伸ばすと枝が地面について実が傷むことがあるので、第2花房直下のわき芽を伸ばし、枝を育てていく。

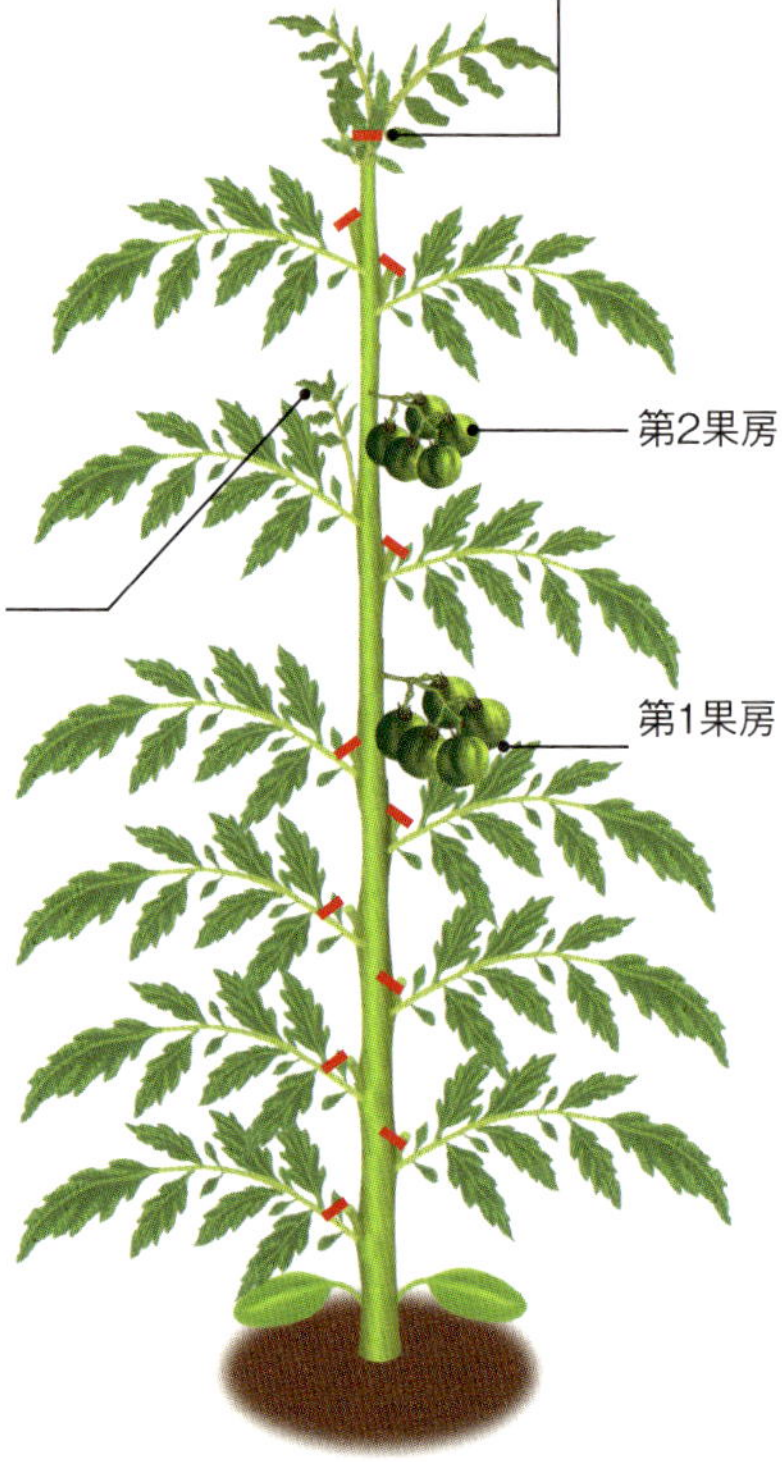

第2果房が着果したら摘芯
第2果房
このわき芽を伸ばす
第1果房

STEP 2 枝を摘芯し、第1花房の下のわき芽を伸ばす

STEP①で伸ばしたわき芽が枝となり、そこでも第2果房が着果したら、STEP①の主枝のときと同じように、その上に葉2枚を残して摘芯する。第1果房のすぐ下のわき芽を残し、それ以外はすべてかき取る。第1果房の下の曲げやすく支柱に留めやすい部分の茎を指で潰し、折れないように注意しながら曲げ(捻枝)、支柱に結びつける。

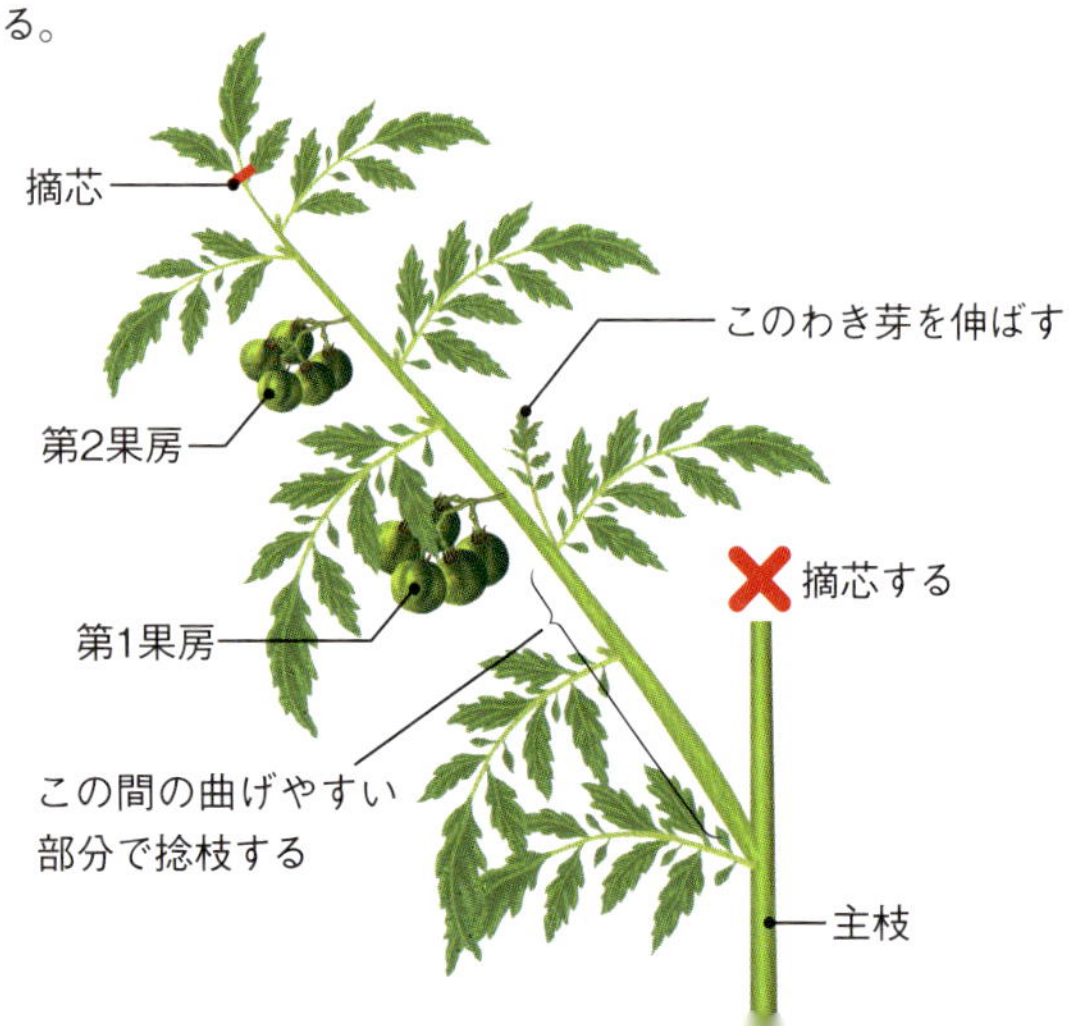

摘芯
このわき芽を伸ばす
第2果房
摘芯する
第1果房
この間の曲げやすい
部分で捻枝する
主枝

STEP 4 最後は摘芯・捻枝で止める

枝が支柱の先端まで届いたら、これまでと同様に摘芯と捻枝を行い、その後は放任する。

STEP 3 これ以降のわき芽も同じように作業する

以後、新しく伸ばしたわき芽に果房が2つついたらその先を摘芯し、1番めの果房下のわき芽を伸ばして支柱に誘引することを繰り返す。

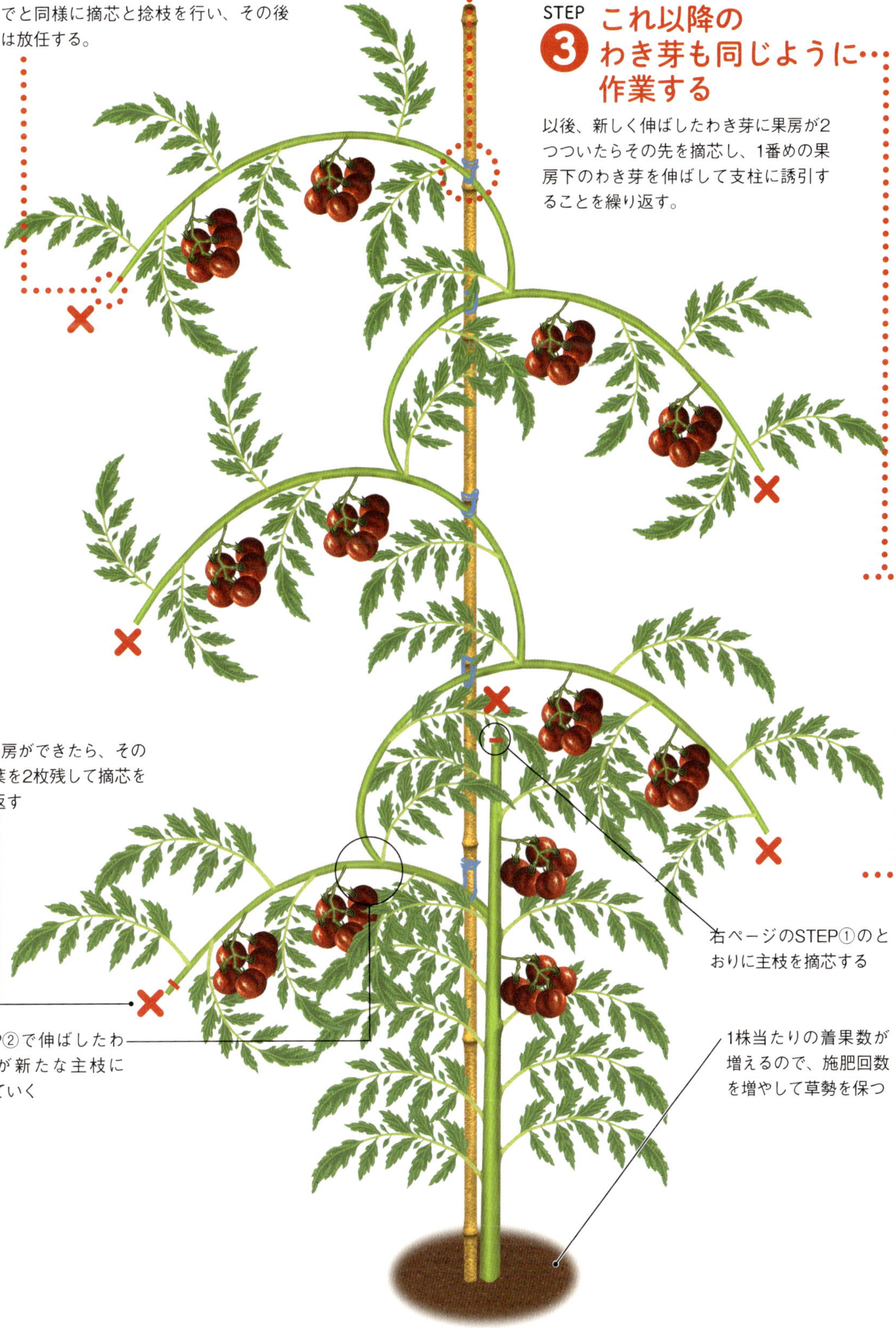
第2果房ができたら、その先に葉を2枚残して摘芯を繰り返す
右ページのSTEP①のとおりに主枝を摘芯する
STEP②で伸ばしたわき芽が新たな主枝になっていく
1株当たりの着果数が増えるので、施肥回数を増やして草勢を保つ

裏ワザ 4 コンテナで主枝・側枝2本仕立て

こう変わる！

→コンテナの新しい土は畑の土と混ざらないので、連作障害を避けられる
→コンテナは通気性がよく、トマトが苦手な高温多湿になるのを避けられる
→2本仕立てなので収穫量が倍増する
→根を地中深く掘り起こす必要がなく、後片づけがラク

内側が網目状になっているコンテナを使って、労力を少なくする、アイデア栽培です。

ミニと中玉に向いた栽培法で、主枝と勢いのよい側枝の2本に仕立てます。畑を10cmほど掘り下げてコンテナを埋めることで、通常の露地栽培と同様、水やりはほとんど不要。軒下に置けば、雨よけ栽培も可能です。

また、網目状のコンテナなので通気性と排水性がよく、トマトが苦手な高温多湿の環境を避けることができます。コンテナ栽培と栽培露地、2つの利点を兼ね備えた仕立てです。

栽培データ

コンテナ
36.5×52.0×高さ30.5cm のコンテナに1株植え

資材
支柱（長さ210cm）
収穫用コンテナ、野菜用の培養土、誘引用のひも

STEP 1 コンテナに土を入れる

野菜用の培養土を収穫用コンテナ（底面と側面が網目になっているもの）の8分目まで入れ、苗の植えつけまで2週間ねかせる。植えつけ時にはかさが減っているが、土を足す必要はない。

STEP 2 コンテナを1/3土に埋め、苗を植える

コンテナを置く場所に、コンテナの底面よりひと回り大きい、深さ10cmくらいの穴を掘って底を平らにならし、コンテナの高さの1/3程度を畑に埋める。コンテナの中央に苗を植えつけ、株のわきに仮支柱を立てて誘引する。

STEP 3 主枝と側枝の2本に仕立てる

第1果房より下の勢いのよいわき芽を1本選んで残し、主枝と側枝1本の合計2本にする。主枝と伸ばす側枝以外は、すべてのわき芽を摘み取る。

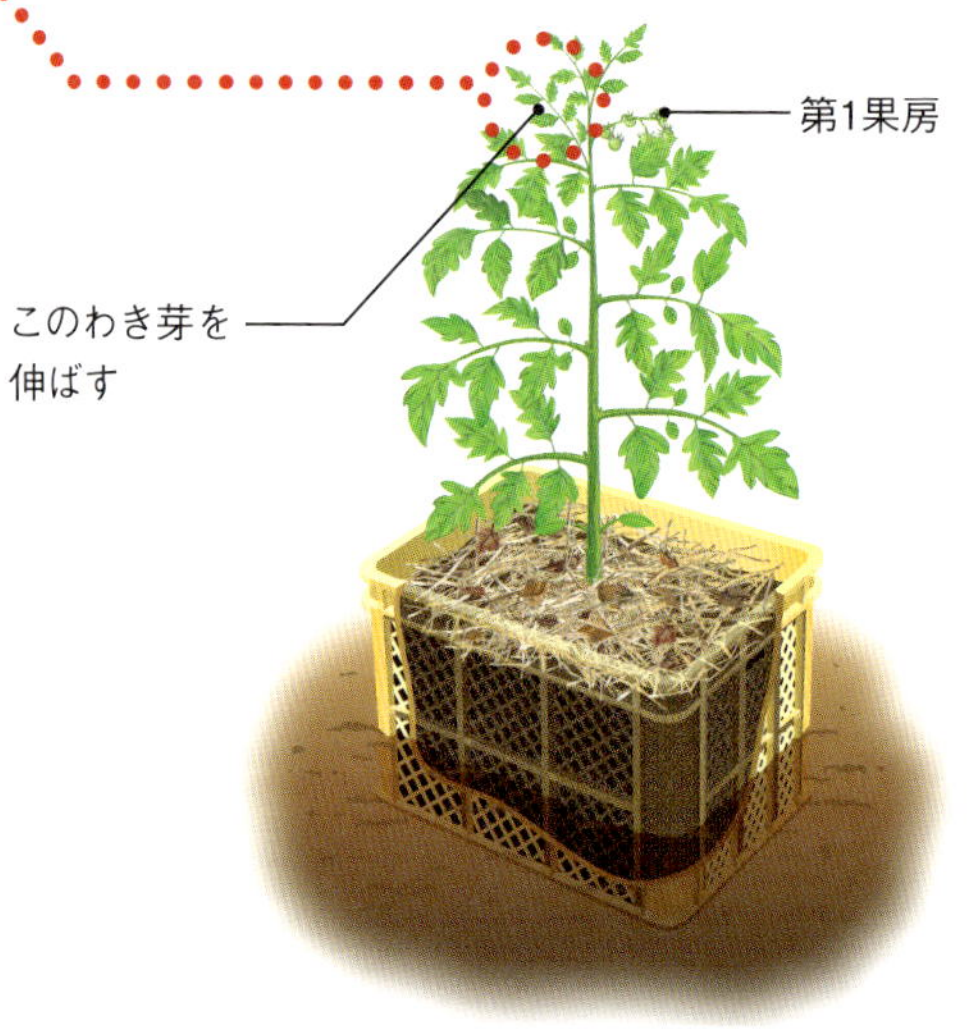

STEP 7 枝が支柱の高さに達したら、誘引し直す

枝の先端が支柱の高さまで伸びたら、誘引していたひもをほどいて枝をずり下げて誘引し直し、継続して実をならせる。

STEP 4 対角線上に支柱を立てる

草丈が伸びたら、2本の支柱をコンテナの対角線上に立てて枝を誘引する。

STEP 5 第1果房の実が大きくなりきったら追肥をスタート

第1果房の実が大きくなりきったら追肥し、表面の土と軽く混ぜ合わせる。以後、2〜3週間おきに追肥する。

STEP 6 梅雨明け後の管理

枯れ葉や下部の古い葉を適宜切り取り、風通しをよくする。梅雨明け後は、わらや刈り草を株元に敷き、地温の上がりすぎと乾燥を防ぐ。土が極端に乾いたときは適宜水やりする。

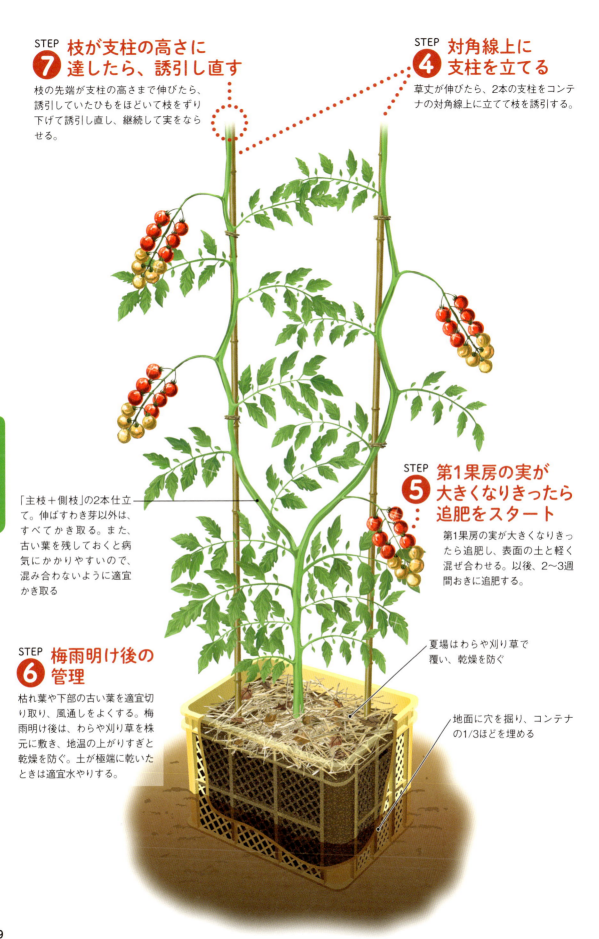

裏ワザ 5

つり下げ誘引仕立て

こう変わる!

→支柱の長さに制約されず、主枝を長く伸ばせる
→花房の段数が増え、収穫量も増える
→雨よけをするので株が健全に育ち、
裂果がなくよい実ができる

栽培データ

畝(2条植え)
畝幅:100㎝　株間:45~50㎝　条間:60㎝

資材
パイプハウス(あるいは雨よけ支柱)、フィルム、パッカー、ポリマルチ、誘引用のひも、ハウス内に張り渡すワイヤ(斜め誘引の場合)

支柱を使わず、パイプハウスの天井から垂らしたひもで株をつるす、ユニークな仕立てです。摘芯をしないので果房は15段以上になり、収量は倍増。ハウスの屋根にフィルムを張って雨よけすると、裂果を防いでおいしい実ができます。草勢の強い中玉とミニに向いています。

また、ハウスの天井にワイヤを通してひもの位置をずらせるようにすれば、斜めに誘引して、より長く主枝を伸ばすことができます。

STEP 1 天井から垂らしたひもに枝を絡ませる

基本どおり、わき芽を取って主枝1本に仕立てる。誘引用のひもを長めに用意し、天井のパイプ(ワイヤ)にしっかりと結びつけて垂らす。枝先20~30㎝の所から株元に向けてひもを数回絡める。

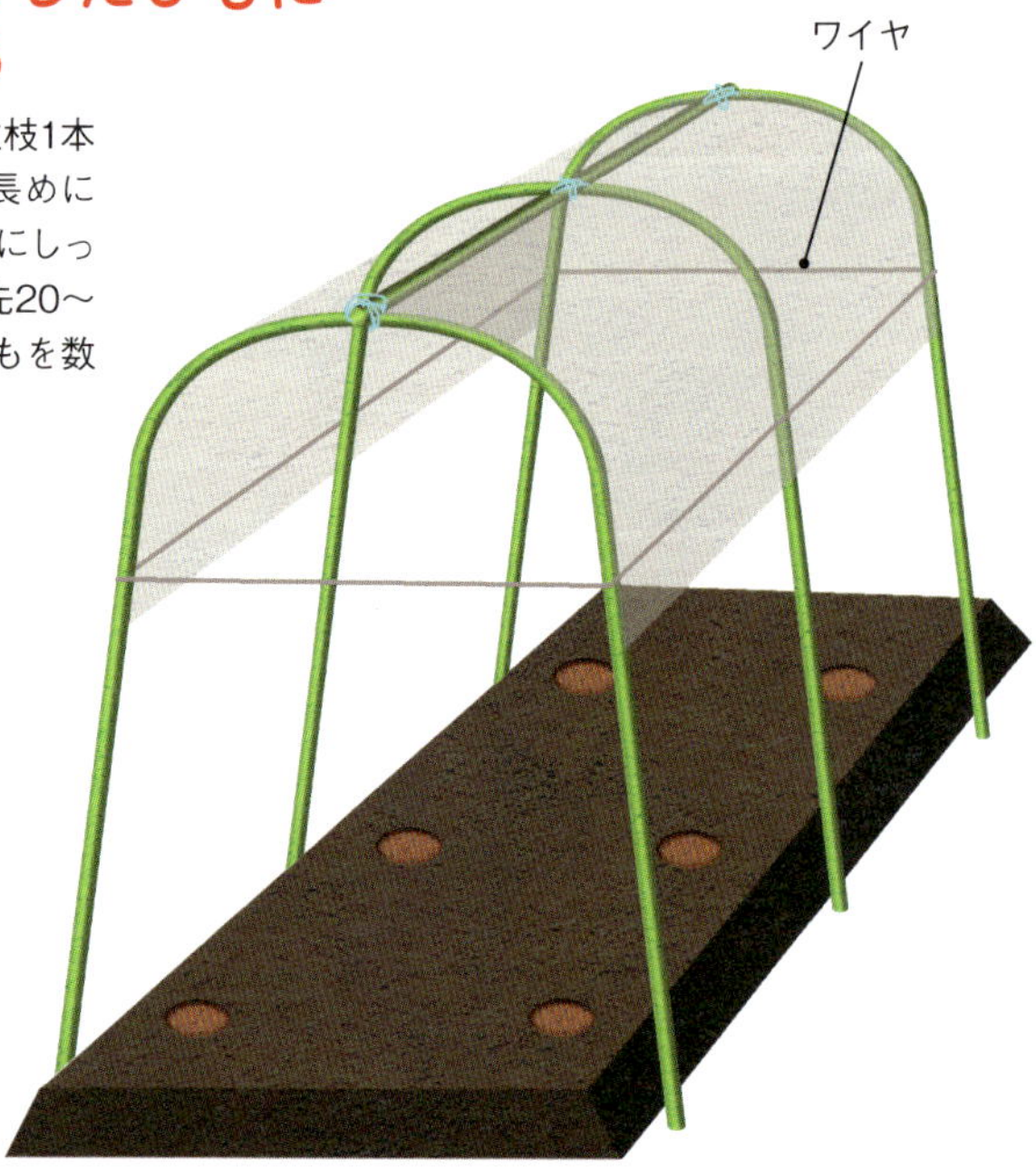
ワイヤ
パイプハウスでの栽培が難しい場合、雨よけ支柱を使う。ワイヤを使って可動式にする場合、2条植えのさいは条間に合わせて2つのワイヤを通す

STEP 2 ひもの下端は枝に結びつける

枝に絡めたひもの下端は、花房の近くの節を避けて途中の枝に結びつける。ほどきやすいように片ちょう結びにする。

ほどきやすい結び方

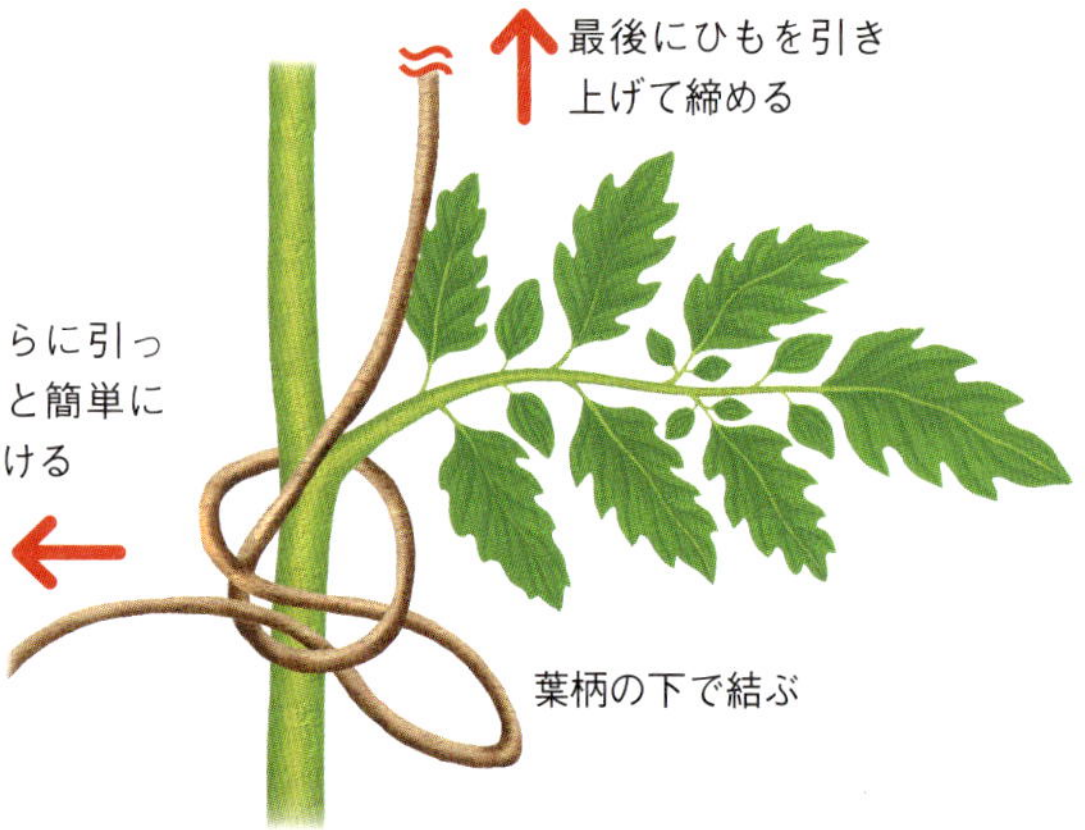
最後にひもを引き上げて締める
こちらに引っぱると簡単にほどける
葉柄の下で結ぶ

STEP 5 生長に合わせてひもの位置を移動する

ワイヤの場合は、生長に合わせて、ワイヤに結びつけたひもの位置を横にずらし、枝を斜めに誘引する。すべての株のずらす方向をそろえれば、茎葉が混み合うことはない。列の端に達したら、隣の列にひもをつけ替える。重みで株が垂れぎみになるので、茎葉が地面に触れないように、つり下げるひもを要所に加えるとよい。

ポイント

つり直す作業は株にストレスがかかるので、回数は最小限にしたほうがよい

横にずらす
ひもが支柱の代わりになる
株が倒れないように2〜3回ほどひもを主枝に巻きつける
地面に触れる葉は取り除く

STEP 4 下葉を落とす

葉が地面に触れると傷むので、枯れかけた葉や収穫の終わった果房より下の葉を切り取る。

STEP 3 枝を下ろして地面にはわせる

生長に応じてひもを結び直し、枝を下ろしてとぐろを巻くように地面にはわせる。最下段の果房が地面につかない高さに、ひもを結び直す。この作業は、株の水分が少なく、枝が折れにくい午後に行う。

裏ワザ 6 大玉の呼び接ぎ仕立て

こう変わる！

→大玉とミニの2株分の根で大玉を育てるので、
丈夫で生育が早い。収量も多くなる
→接ぎ木が失敗しても大玉の株は健在なので、
通常どおりに育てられる
→定植適期の市販苗を接ぐので、
繁雑な準備が不要。少ない株数でも取り組みやすい

丈夫で病気に強く、秋まで長くとれるミニに大玉を接ぎ木し、２株分の根で大玉を育てる、やや高度な栽培法です。

収穫期間、収量とも、通常栽培よりアップします。市販の苗を接ぐので、家庭でも手軽にできます。

接ぎ木の作業は、風の弱い曇りの日に行うのがベスト。雑菌が入らないようカッターは清潔なものを使い、ていねいに作業してください。

栽培データ

畝(1条植え)
畝幅：60～70㎝　株間：50㎝
資材
支柱(長さ210～240㎝の支柱を株のわきに立てて補強する。頑丈に作るなら合掌式に)
ポリマルチ、誘引用のひも、カッター、接ぎ木用テープ、ビニールシート
＊株が横に広がるので、畝幅、株間とも広くとる。2条植えは作業がしにくいので、1条植えがおすすめ

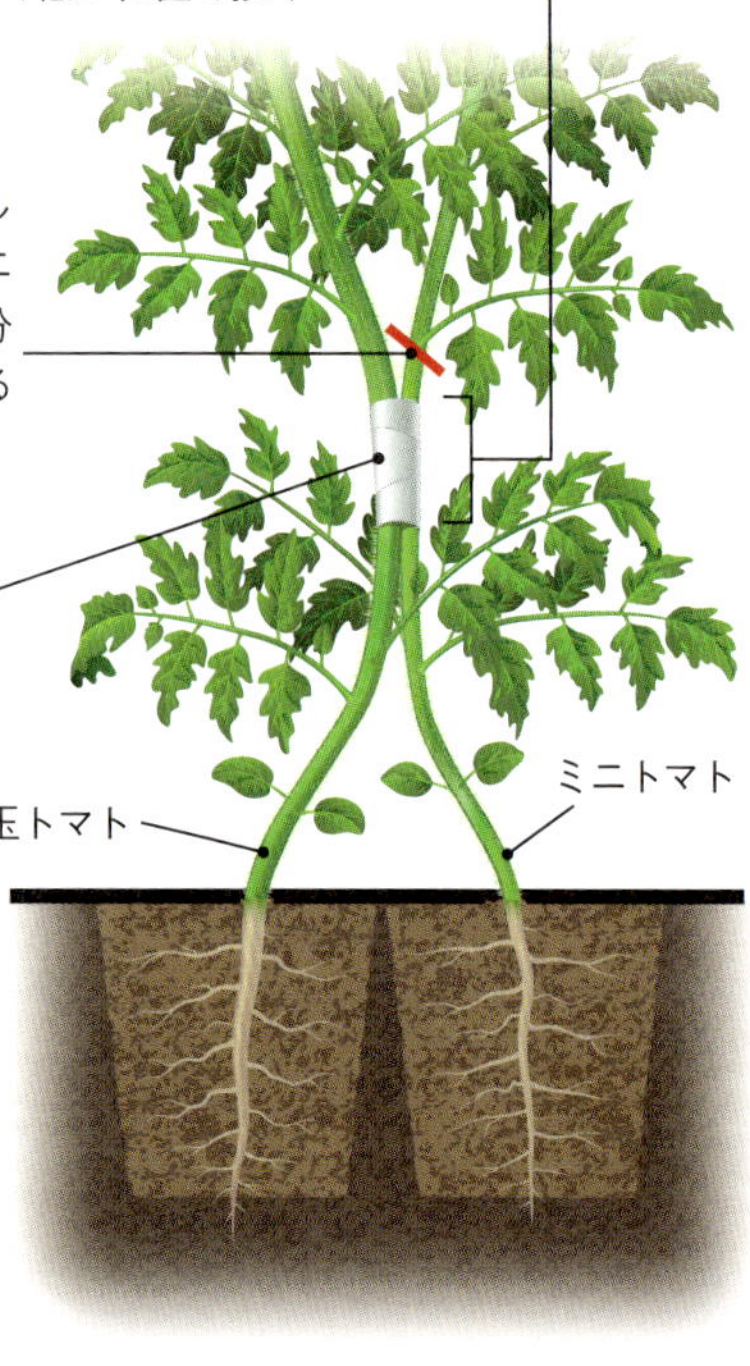

双葉の真上辺りで接ぐのが理想だが、実際には難しい。無理なく重ね合わせられる範囲で、なるべく低い位置で接ぐ
接ぎ木が完了してしばらくしたら、ミニトマトの接ぎ木部分のすぐ上を切る(STEP②参照)
接いだ部分は、接ぎ木用テープでしっかり固定する
大玉トマト
ミニトマト

STEP 1 大玉とミニの苗を呼び接ぎする

接ぎやすいよう、大玉とミニの苗をできるだけ密着させて植えつける。植えつけの7～10日後、茎同士を近づけて、茎を折らずに無理なく接げる位置を確認する。接ぎ合わせる位置の表皮をそれぞれ長さ3～5㎝、幅1㎝、深さ3㎜ほど削り取る。双方の削り取った面を合体させ、接ぎ木用テープを巻いて固定する。接ぎ木後に雨が続くとうまく接げないことがあるので、ビニールシートをトンネル状に掛けて養生するとよい。

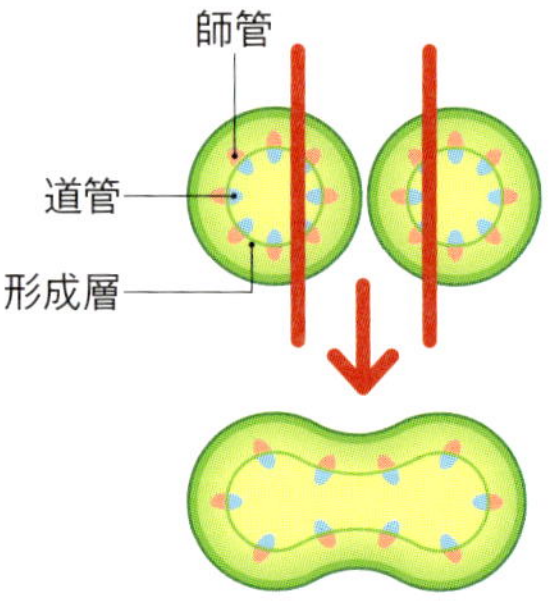

師管
道管
形成層

表皮のすぐ下にある形成層(根から養水分を吸い上げる道管と、葉などでつくった糖分などを運ぶ師管の間にある)まで削る

双方の茎の維管束が接するように、削った箇所を接ぎ合わせる

表皮の下にある維管束を接ぐことで組織が癒着し、養分や水分が穂木に流れるようになる

STEP
2 ミニの茎を切る

接ぎ木から1〜2週間後、接いだ部分より上でミニの茎を切断する。切断する株と位置をまちがえないように注意。

STEP
3 主枝1本に整枝する

株わきに支柱を立てる。主枝1本に仕立て、支柱の高さになったら摘芯する。

STEP
4 2〜3週間おきに追肥する

第1果房がピンポン玉大になったら追肥を開始し、以後2〜3週間おきに施す。

コラム　ミニの根は強い！

「大玉の呼び接ぎ仕立て」は、草勢の強いミニの根を合わせることで、よりよい生育を促すもの。このミニの根のスタミナと、病気にたいする強さを実感したいのであれば、呼び接ぎをしたあと、接いだ部分より上の主枝は大玉もミニも残して、大玉の根だけを切ってみるとよい。ミニの根だけで、大玉とミニ、両方の実を通常栽培並みにとることができる。

ナス

ナスは、高温多湿の日本の気候に合って作りやすく、次次と実がなります。しかし、初めから放任すると枝葉が混み合って風通しや日当たりが悪くなり、よい実がならなくなるので整枝が欠かせません。

ナスの基本的な整枝法は、3本仕立てです。主枝と1番花の下のわき芽2本を伸ばして、支柱に誘引します。一般的に1番花に近い節から出るわき芽は勢いがよいので残し、それ以外のわき芽は小さいうちに摘み取ります。株が小さいうちはわき芽を見つけやすいので、初心者でも難しくありません。3本に仕立てたあとは放任します。

ナスは多肥と水分を好み、不足すると花つきや実の肥大が悪くなります。追肥と水やりで草勢を保ち、健全に育てれば秋まで長く楽しめます。

基本の育てワザ

- 1番花より下のわき芽の中から勢いのよいもの2本を残してほかは摘み取り、主枝とわき芽2本の3本に仕立てる
- 生育初期にとれる1～2番果は小さいうちに収穫し、株の充実を図る
- 収穫が始まったら定期的に追肥する
- 乾燥期はたっぷり水やりする

追肥のタイミング

1回め

植えつけの2週間後

トマトと違って過繁茂の心配はないので、植えつけの2週間後には最初の追肥を施すとよい。施肥は株元に。

2回め以降

2～3週間に1回

根の先端から吸収されることを意識し、マルチをめくり、畝の両側にやって土寄せするか、マルチに穴をあけて施す。

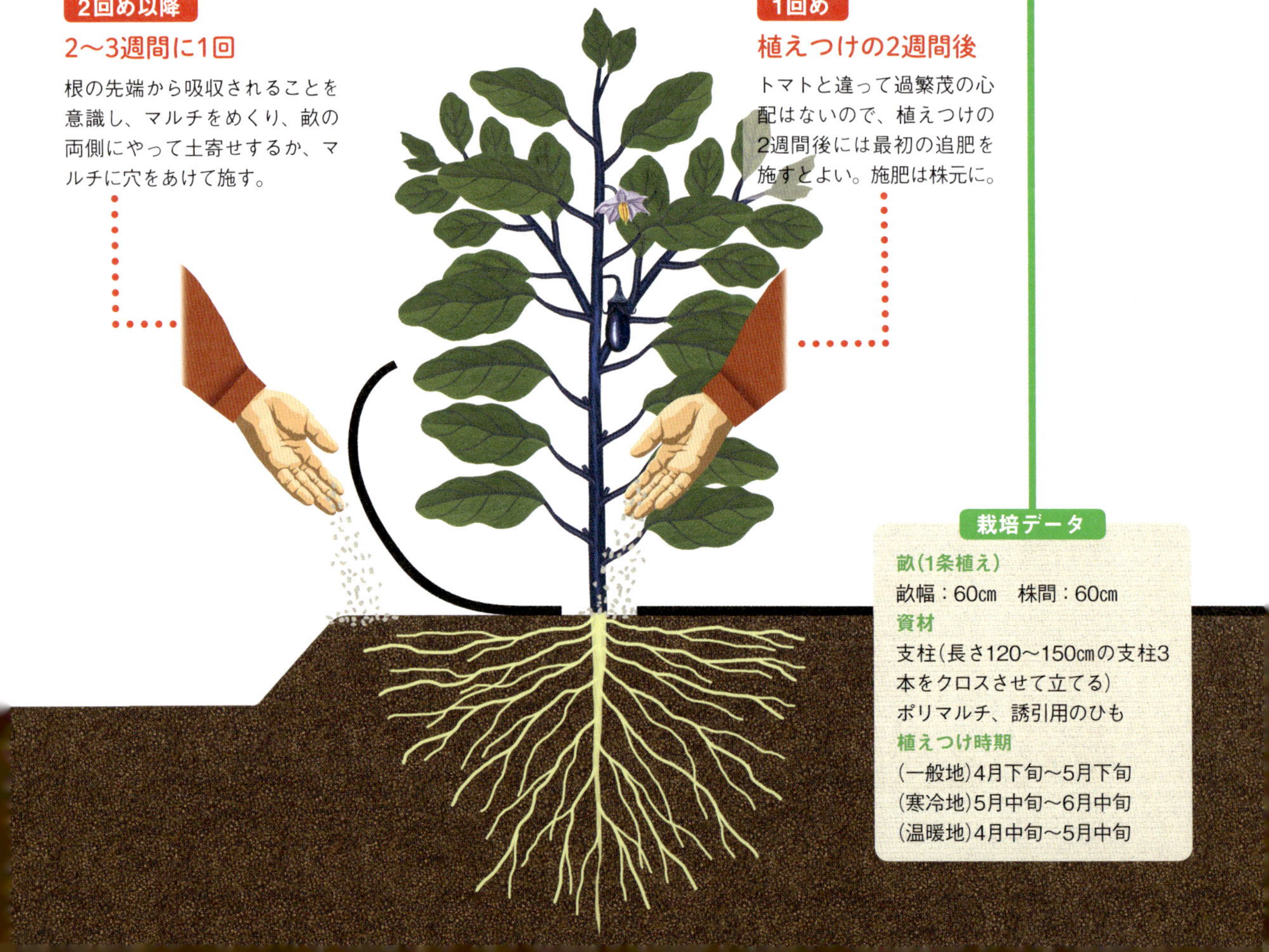

栽培データ

畝(1条植え)

畝幅：60㎝　株間：60㎝

資材

支柱(長さ120～150㎝の支柱3本をクロスさせて立てる)

ポリマルチ、誘引用のひも

植えつけ時期

(一般地)4月下旬～5月下旬

(寒冷地)5月中旬～6月中旬

(温暖地)4月中旬～5月中旬

基本の仕立て 3本仕立て

STEP 1 1番花の下のわき芽を2本残す

1番花より下のわき芽の中で勢いのよいもの2本を選び、ほかを摘み取る。主枝と側枝2本の合計3本に整えたら、1番花の下辺りで交差するように3本の支柱を立て、それぞれの枝を誘引する。1番花が咲いたときに、花のついている枝(主枝)にテープを巻きつけておくと、側枝が見分けやすくなる。2本の側枝にも同様に目印をつけておくとよい。

STEP 4 枝を支柱に誘引する

果皮がやわらかく、葉や枝に触れるだけでも傷つきやすいので、支柱にこまめに誘引する。とくに白ナスや緑ナスは、傷がつかないよう実の近くの枝はていねいに誘引する。

STEP 5 つやのある実を収穫する

3番果以降は、品種ごとのサイズになったら収穫する。中長品種の場合は、開花から20～25日がたち、果長12㎝くらいで光沢のある実を収穫する。とり遅れると果皮がかたくなり、食感や食味が悪くなる。

STEP 2 1～2番果は若どりする

1～2番果がなる頃は株が十分に育っていないので、養分を株の充実に回すために果長10㎝以下のうちに若どりする。

STEP 6 3本に整枝後は放任する

3本仕立てにしたら、あとは放任してよい。果実にたっぷりと日を当てるため、混み合った枝や細い枝、つぼみのつかない弱い枝を適宜剪定し、枯れた下葉を取る。中心の3本の枝を切らないよう、目印を確認しながら剪定する。

STEP 3 肥料切れ、水切れさせない

収穫が始まったら、2～3週間おきに追肥する。秋まで長くとれるので、定期的に追肥して肥料切れを防ぐ。高温または水不足が続くと果実の肥大がスムーズに進まず、果皮が分厚くなってつやのない果実になる。雨が降らないときはたっぷりと水やりし、株元にわらを敷くとよい。

接ぎ木苗の場合、台木から芽が出てくることがある。台木の芽は葉の形が違うので、よく観察すれば見分けられる。生長が早いので、見つけしだい、元から切り取る

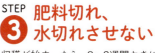

裏ワザ 1 簡単Y字仕立て

こう変わる！

→枝が重なり合わないので風通しがよく、
管理もしやすい
→3本仕立てに比べて、株間を狭くできる
→更新剪定をしなくても、秋までコンスタントにとれる

栽培データ

畝（1条植え）
畝幅：60㎝
株間：30㎝

資材
支柱（長さ180〜210㎝の支柱をX字形に立てる。補強のために株の上部や両側に支柱を立ててもよい）ポリマルチ、誘引用のひも

基本の３本仕立てから、伸ばす側枝を１本減らすシンプルな仕立てです。

主枝と１番花のすぐ下の側枝１本の２本仕立てにして、長めの支柱に誘引します。３本仕立てに比べると草丈は高くなりますが、中心となる２本の枝を左右に振り分けて誘引すれば枝葉が重ならず、通常よりも狭い株間で育てられます。

枝数が少ないので実をつける量も少なくなりますが、その分、株の負担が少なく、更新剪定（30ページ参照）をしなくても秋まで長く収穫できます。

また、株間が狭いので面積当たりの収量は変わりません。

STEP 1　1番花の下のわき芽を1本残す

1番花の下のわき芽の中から勢いのよいものを1本選び、ほかは摘み取る。中心となる2本の枝に、ひもやテープで目印をつけておくとわかりやすい。

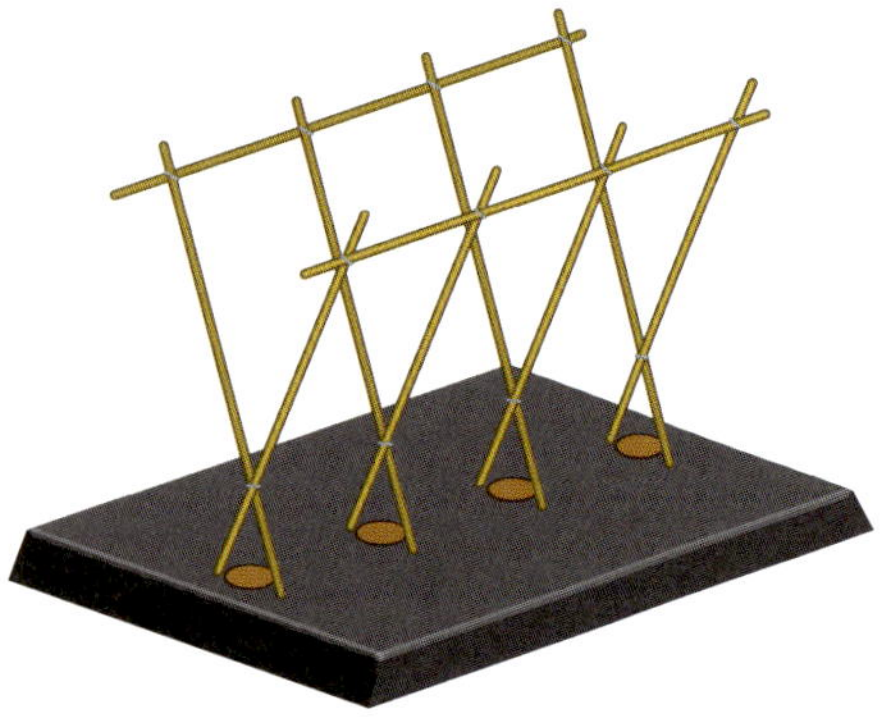

STEP 2　X字形に支柱を立てて誘引する

2本に整枝したら、支柱2本を低い位置で交差させ、枝を誘引する。3本仕立てよりも草丈が高くなるので、支柱は180〜210㎝の長いものを使う。枝が伸びてきたら、支柱の上部に横支柱を通したり、株の両側に垂直に支柱を立て、X字形に差した支柱と交差する部分をひもで縛って補強するとよい。

STEP 3 収穫と同時に側枝を切る

中心の枝から伸びる側枝に実がなったら、収穫と同時に葉を1枚残して枝ごと切る。残した葉のつけ根から伸びたわき芽に、ふたたび実がつくようになる。

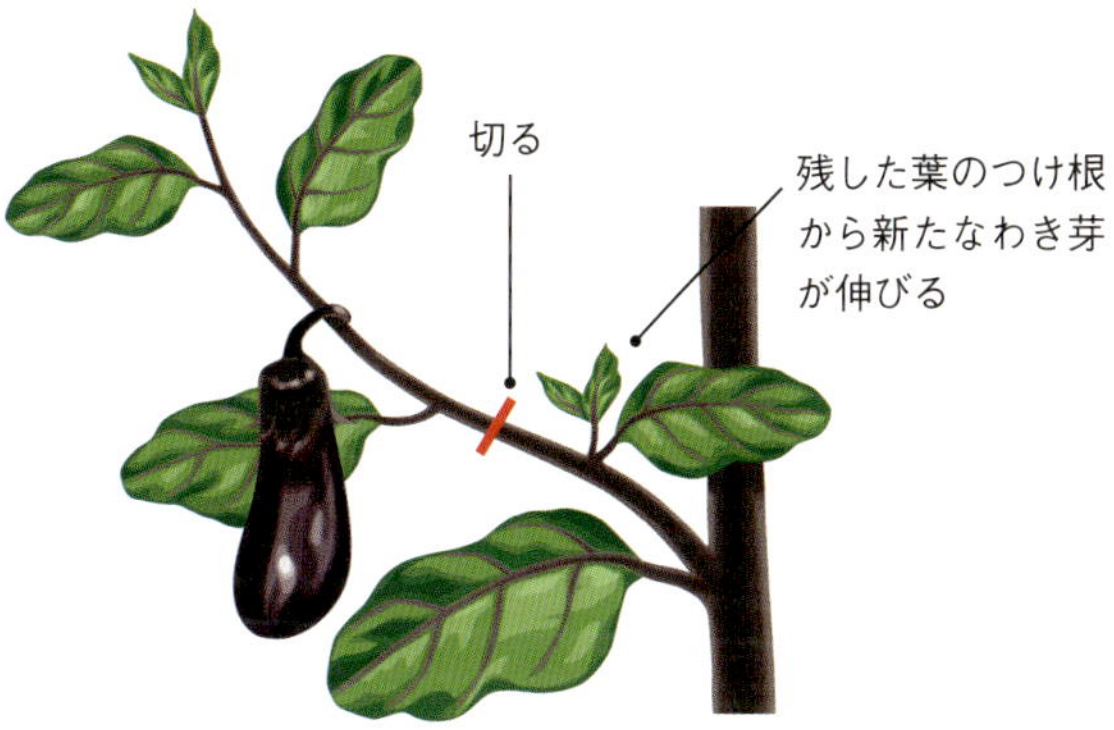
切る
残した葉のつけ根から新たなわき芽が伸びる

STEP 4 支柱の先で摘芯する

中心の枝が支柱の先まで伸びたら、摘芯して伸びを止める。

適期を逃さず収穫する

STEP 5 混み合った枝を透かす

枝葉が混んできたら、株の内部まで日が当たるように適宜剪定する。真上から株を見下ろしたとき、葉の間から地面が見えないときは枝葉が混みすぎているので、細い枝や古くなった葉、枯れ葉はこまめに切り取る。

ナス

裏ワザ2 四方展開仕立て

こう変わる！

→枝数が多くなるので、1株当たりの収穫量が増える
→日当たりや風通しがよくなり、病害虫の被害を受けにくくなる
→草丈が高くなるので、収穫しやすい

栽培データ

畝（1条植え）
畝幅：60㎝
株間：60㎝
資材
支柱（長さ150㎝程度のものを、60㎝四方に立てる）
ポリマルチ、誘引用のビニールひも

ナスの基本的な仕立て方に、伸ばす側枝を1本増やし、主枝と側枝3本の合わせて4本の枝を伸ばす方法です。特徴的なのは、支柱に直接誘引するのでなく、支柱から垂らしたビニールひもで、枝をつり上げることです。

ナスは実が支柱にこすれると果皮に傷がつき、その部分がかたくなりますが、茎葉を広げて誘引するこの仕立て方なら、その不安も軽減されます。

通常、伸ばす枝を増やすと収量が増える分、枝が混み合って病虫害も増えますが、四方に広く展開することで、その心配も解消されます。

真上から見た枝の向き　支柱から垂らした4本のひもを、伸ばす4本の枝に巻きつけ、四方に誘引していく。

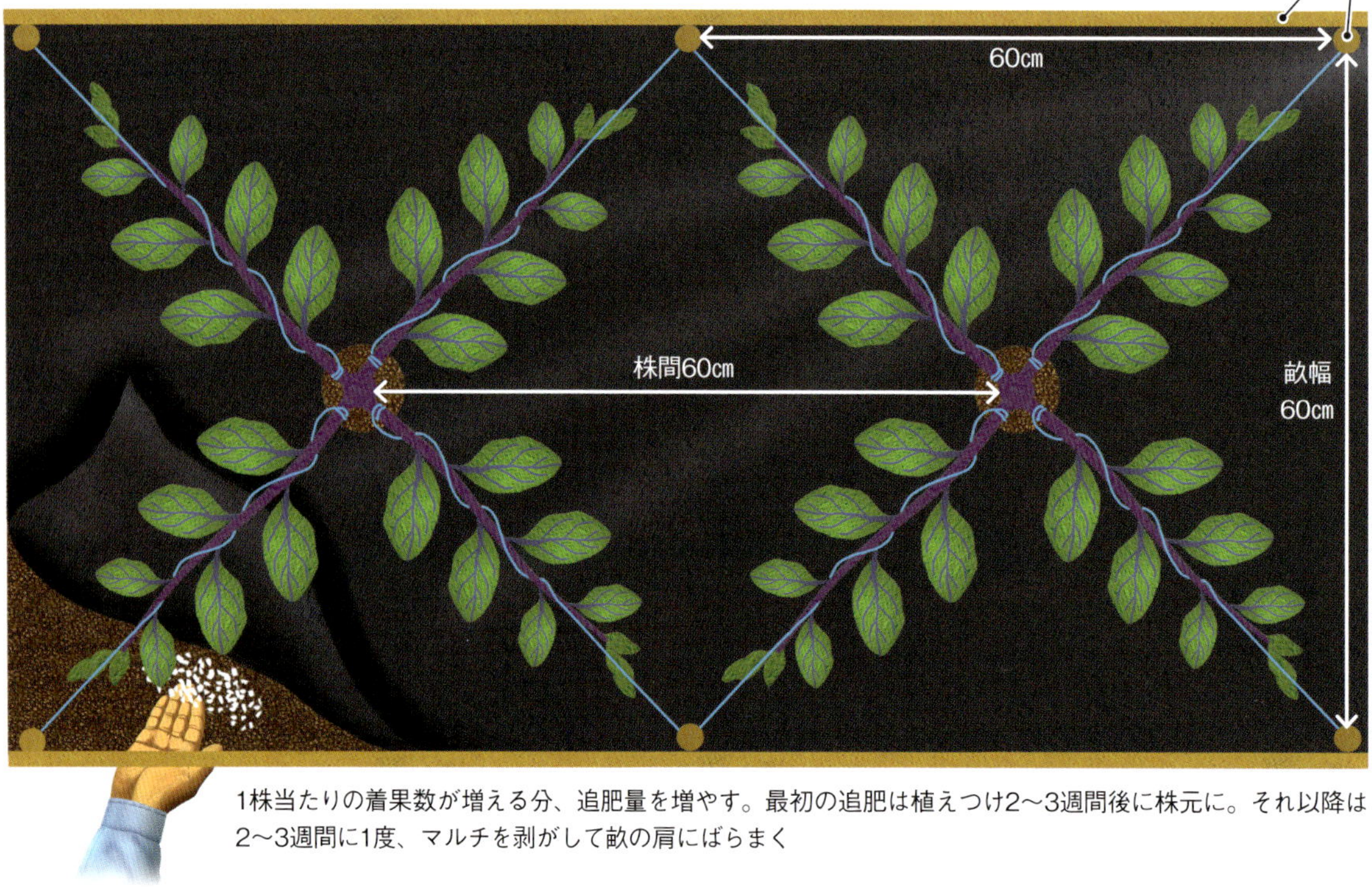

1株当たりの着果数が増える分、追肥量を増やす。最初の追肥は植えつけ2〜3週間後に株元に。それ以降は2〜3週間に1度、マルチを剥がして畝の肩にばらまく

STEP 4 枝が横支柱まで届いたら摘芯する

主枝、側枝ともに、枝が伸びてビニールひもを結んでいる横支柱まで届いたら、摘芯する。

STEP 3 分岐部より上のわき芽は放任

4本に仕立てた枝から出てくるわき芽は放任し、そのまま伸ばす。茎葉が混み合ってきたら、適宜透いて風通しと日当たりをよくする。

STEP 2 ビニールひもで誘引する

横に通した支柱にビニールひもを2本ずつ、計4本結びつけて垂らしておく。垂らしたひもを伸ばした枝に巻きつけ、ひもの先を枝の分岐部に結びつけて誘引する。枝が伸びるごとにひもを巻きつけてつり上げていくので、最初は緩めに張っておくとよい。

STEP 1 わき芽をかいて4本仕立てにする

伸ばす芽は、主枝(A)、1番実(果)のすぐ下のわき芽(B)、2番実(果)のすぐ下のわき芽(C)、Bの枝に最初につく花の直下のわき芽(D)の計4本。分岐部より下のわき芽はすべてかき取る。

裏ワザ3 更新剪定2期どり仕立て

こう変わる！

→実のつきが悪くなる7〜8月に、株を休ませることができる
→質のよい秋ナスが、霜が降りる頃まで収穫できる
→伸びすぎた枝葉を切り詰めるので、草姿がコンパクトになる

栽培データ

畝（1条植え）
畝幅：60㎝　株間：60㎝
資材
支柱（長さ120〜150㎝の支柱3本をクロスさせて立てる）
ポリマルチ、敷きわら、誘引用のひもなど

通常どおり栽培してきたナスの枝を、夏場にすべて切り詰め、新しい枝が伸びるのを待つ、「更新剪定」です。

アブラムシやハダニなどの被害を受けたり、施肥管理がうまくいかなかったりなど、梅雨が明けても生育が思わしくないときは、株をリフレッシュさせる更新剪定がおすすめです。

更新の適期は7月下旬〜8月上旬です。枝と根を切り、肥料を施します。新しい枝葉と根が伸びて、9月になるとみずみずしい秋ナスがとれるようになります。

STEP 1 枝と根を切り詰め追肥する

主枝と側枝を1/2〜1/3くらいの長さに切り詰める。光合成ができるよう、切り詰めた枝には1枚以上の葉をつけておく。主枝の下の方からふたたび伸びてきたわき芽は残す。同時に、株元から30㎝ほど離れた所にショベルを垂直に差し込んで、根を切る。古い根を切ることによって、新しい根が伸びだす。

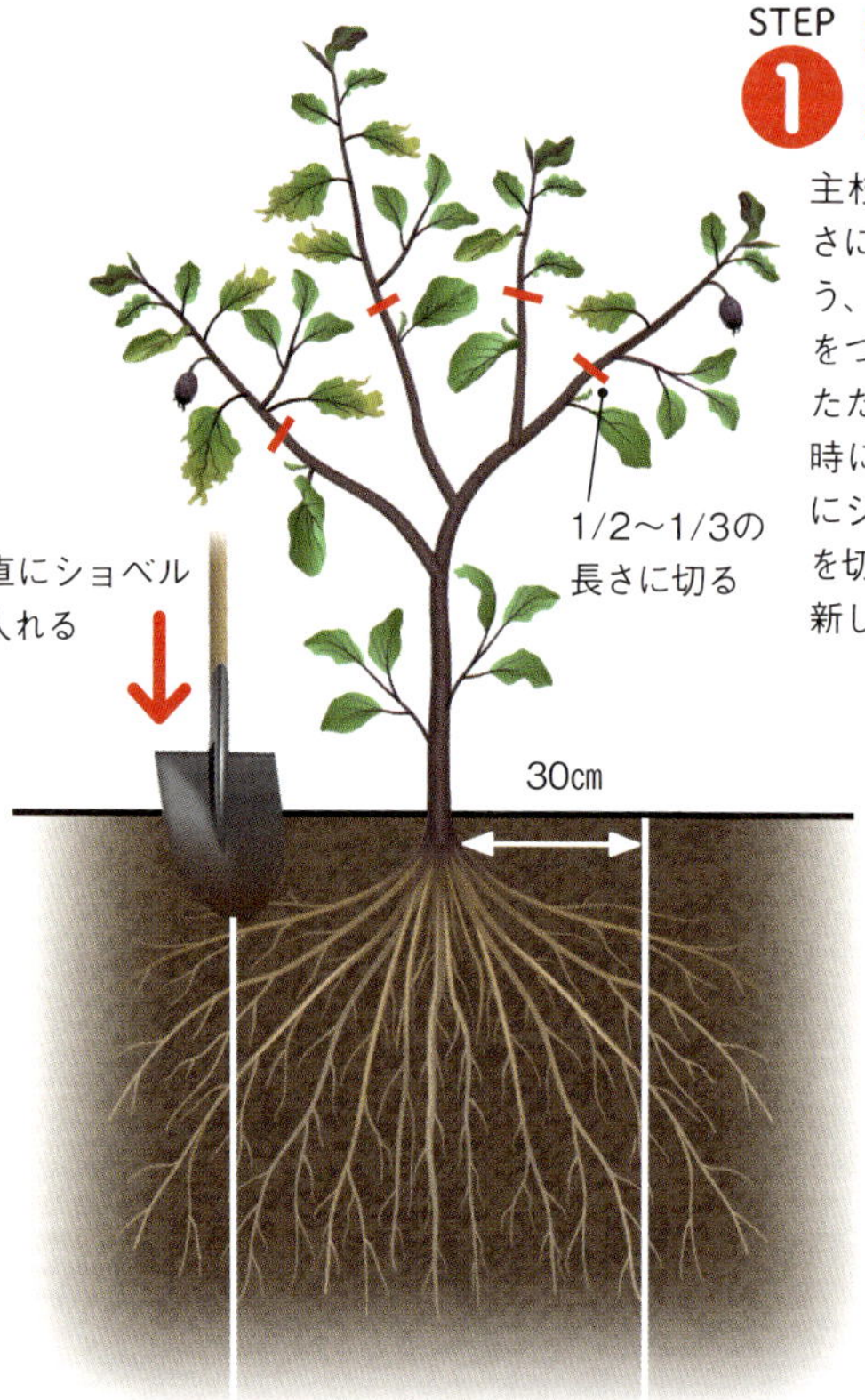
1/2〜1/3の長さに切る
垂直にショベルを入れる
30㎝

作業の前にポリマルチを剥がし、支柱を外しておく

STEP 2 追肥、水やりし、株元にわらを敷く

ショベルを差し込んだ隙間に肥料を施し、たっぷりと水やりする。液体肥料でもよい。地温の上昇を抑えるため、株元にわらや刈り草を敷く。その後も定期的な追肥を続け、草勢を維持する。

新しい枝が伸びだす

裏ワザ 4 切り戻し長期収穫仕立て

こう変わる！

→茎葉が混み合わないので、日当たりや風通しがよくなる

→新しい側枝に着果させるので、みずみずしい果実が収穫できる

→草姿がコンパクトにまとまる

→更新剪定をしなくても秋まで収穫できる

一時期にまとめて枝を更新する前ページの仕立てと違い、実を1つ収穫するたびに更新する方法です。次次と伸びてくる側枝に実をつけさせます。

2〜3本に整枝したメインの枝の近くにつく実は肥大が早いので、やわらかでみずみずしいナスが収穫できます。着果節の枝や混み合った枝を切って、日当たりと風通しをよくしましょう。3本仕立てでも2本仕立てでもでき、長い期間コツコツと収穫できます。

栽培データ

畝(1条植え)
畝幅：60cm　株間：60cm

資材
支柱：長さ120〜150cm
ポリマルチ、誘引用のひも

ナス

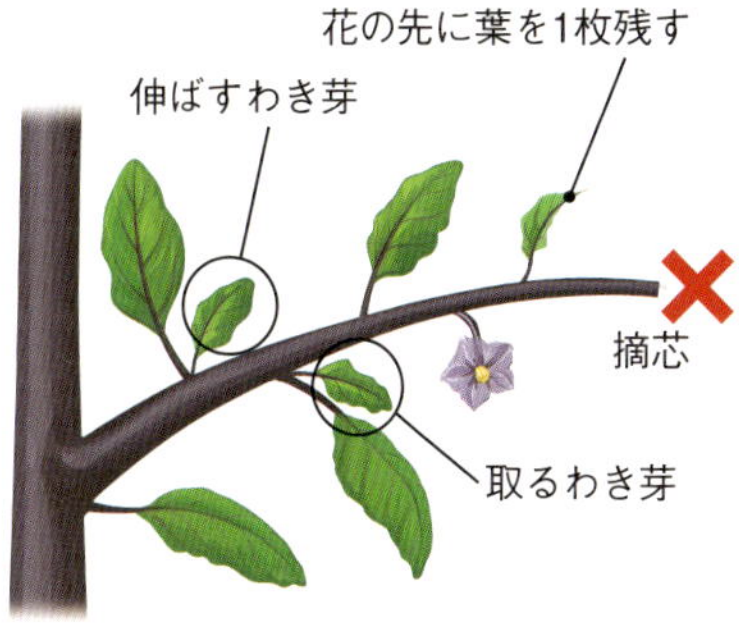

STEP 1 側枝に咲いた花の先を摘芯する

2〜3本仕立てにした枝から側枝が伸びて花が咲いたら、花の先に1枚の葉を残し、それから先を摘芯する。側枝についたわき芽のうち、主枝にいちばん近いものだけを残し、ほかは摘み取る。

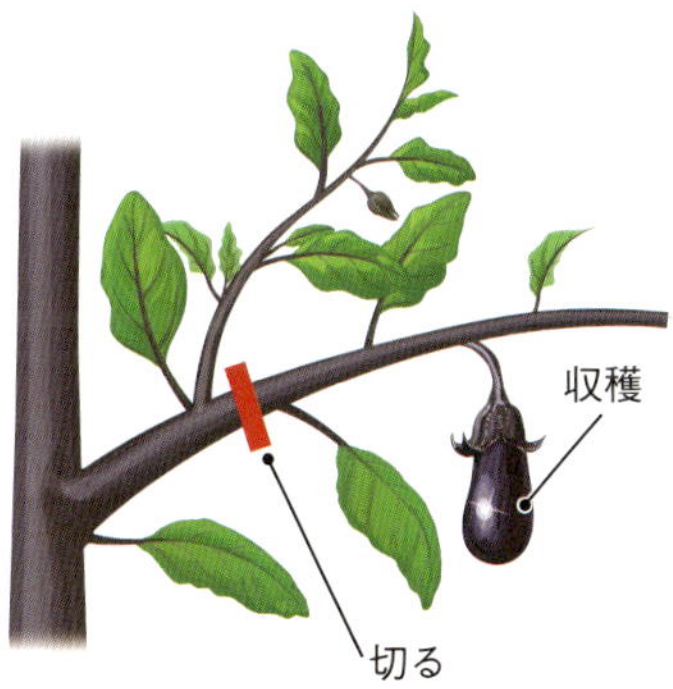

STEP 2 収穫のたびに枝を切り戻す

果実を収穫し、そのたびにSTEP①で残したわき芽から先の枝を切る。残したわき芽を伸ばす。

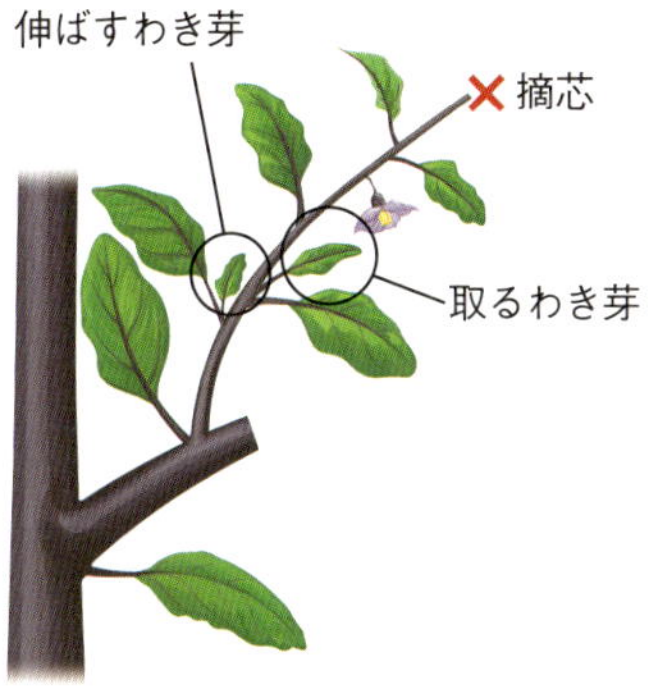

STEP 3 収穫と切り戻しを繰り返す

STEP②で伸ばしたわき芽からまた花が咲くので、以後、STEP①とSTEP②を繰り返す。

キュウリ

キュウリは、親づるを伸ばしながら子づるを2節で摘芯していくのが、基本の仕立て方です。支柱を立ててつるを立体的に誘引すると、風通しと日当たりがよくなるうえ、株間を一定に保てて株同士が重なりにくくなります。支柱だけの場合は誘引が必要ですが、支柱に園芸用のネットを張れば、誘引をしなくても巻きひげが絡んではい上がっていきます。

果菜類の中では生育が早く、植えつけから約1か月で第1果が収穫できます。実の生長も早く、開花から収穫適期の大きさになるまで約1週間。とり遅れると品質が落ちるばかりか、株が消耗して草勢の低下を招くので、こまめに見回って収穫します。乾燥に弱いので、土が乾いているときはたっぷりと水やりします。

基本の育てワザ

- 下から5～6節は、わき芽と雌花を摘み取る
- 子づるは2節を残して摘芯する
- 親づるが支柱の先に届いたら摘芯する
- 開花から約1週間後、長さ18～20㎝くらいで収穫する

STEP 1 下から5～6節の子づると雌花を摘み取る

株元の5～6節から出る子づると雌花は、養分を株の充実に回し、また、風通しをよくして病気を予防するために摘み取る。残しておいてもよい実がならないので、雌花も摘み取る。

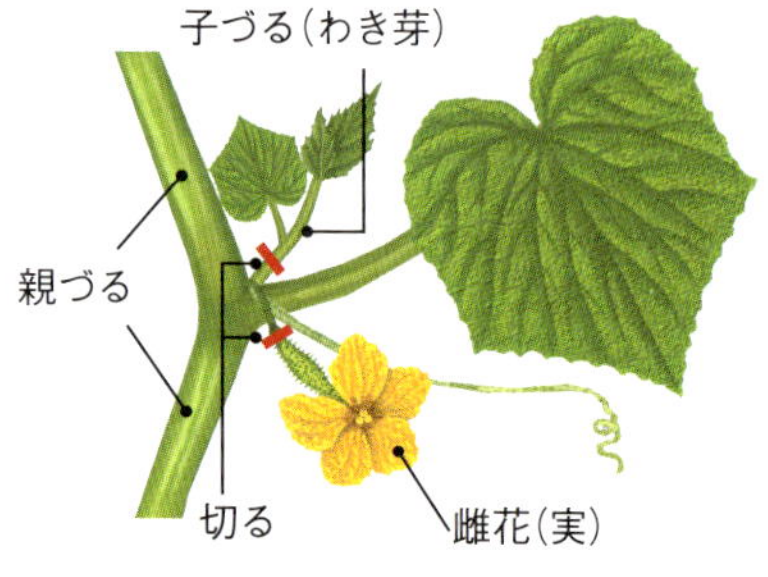

＊雌花はつけ根が膨らんでいる

STEP 2 子づるは2節で摘芯する

下から7節め以降の子づるは、葉2枚を残してその先を摘芯する。伸ばし続けると茎葉が重なり、風通しが悪くなって病気にかかりやすくなる。また、子づるに養分が回るため、株の生育が悪くなる。

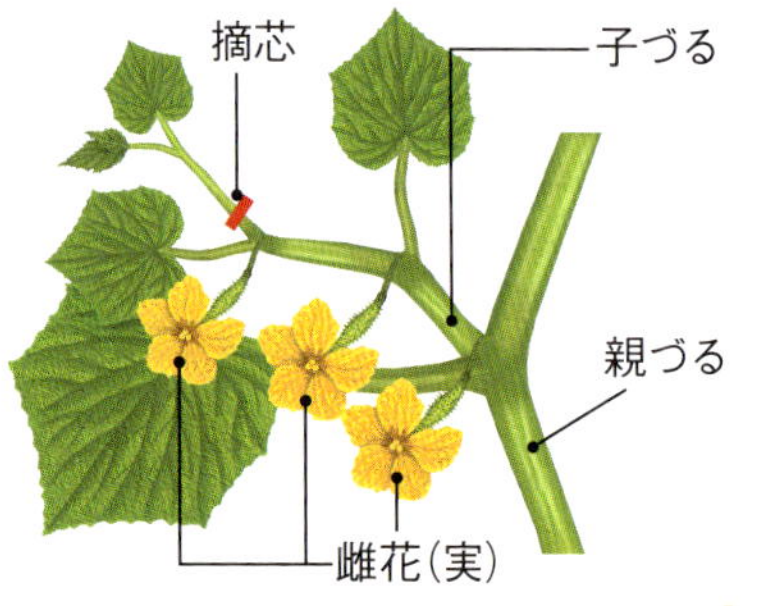

追肥のタイミング

1回め

植えつけの２週間後
株元に施肥

2回め以降

２～3週間に１回
畝の両側に施肥

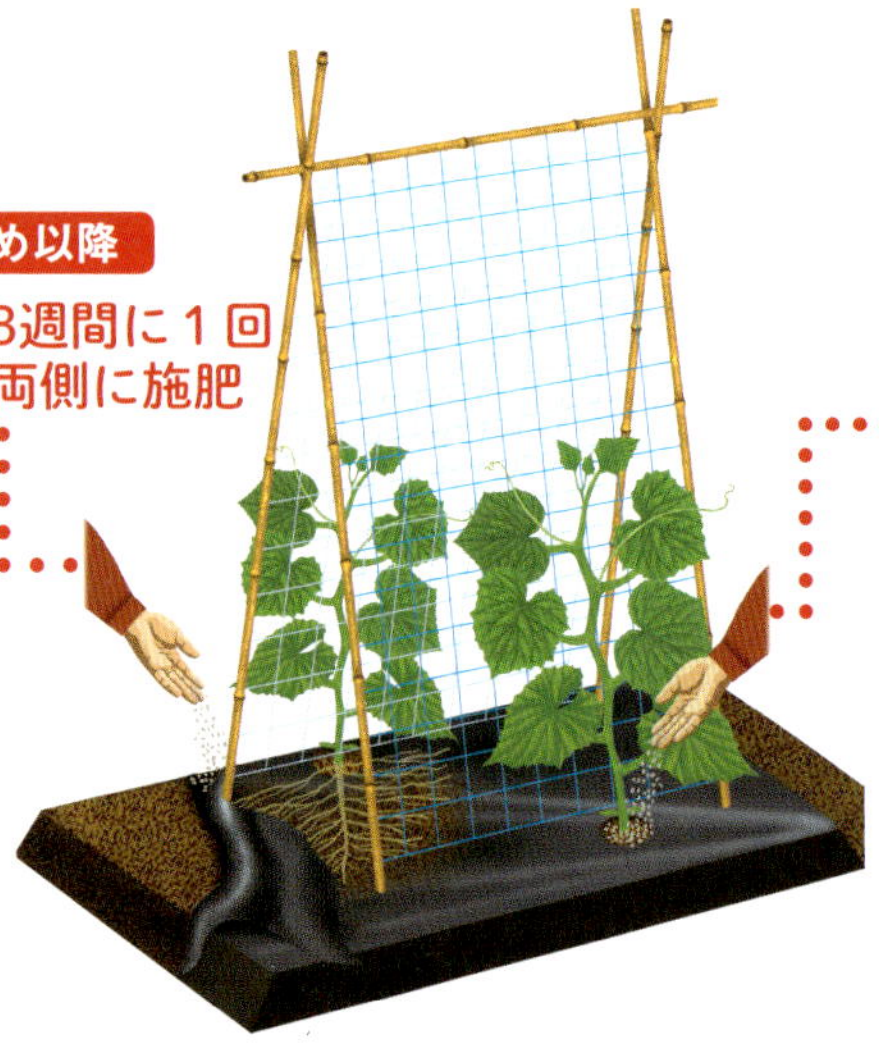

栽培データ

畝（2条植え）
畝幅：120㎝
株間：50㎝
条間：70～80㎝

資材
支柱（長さ210～240㎝の支柱を合掌式に立てる）
ポリマルチ、誘引用のひも

植えつけ時期
（一般地）4月中旬～5月上旬
（寒冷地）5月上旬～5月下旬
（温暖地）4月中旬～5月上旬

基本の仕立て 親づる1本仕立て

STEP 5
親づるは25〜30節で摘芯

親づるが支柱の先に届いたら(25〜30節めぐらい)、摘芯する。下葉や枯れかかった葉は適宜切り取る。

株元5〜6節(下から30㎝ほど)のわき芽と雌花(実)はすべて取る。雄花はそのまま放置してよい
株元の雌花は、すぐに摘み取る

STEP 3
支柱に誘引する

合掌式に支柱を立て、3〜4節おきに親づるを誘引する。実は生長が早く、開花から約1週間で収穫適期の大きさになる。大きくしすぎると、皮がかたくなり種がめだって食味が落ちるうえ、株も消耗する。

コラム 中段の子づるは「遊びづる」に

中段(8〜9節め)の子づるは2節で摘芯せずに長めに伸ばして「遊びづる」とし、20〜30㎝ほどになったら先端を摘芯するというテクニックも。摘芯を遅らせることで、根からの養水分の吸収がよくなり、親づるの生育が促進される。

STEP 4
肥料と水を絶やさない

着果がよく、次々と実がなるので、肥料切れさせないように2〜3週間おきに追肥する。梅雨明け後に乾燥が続くときは、たっぷりと水やりする。実の95%以上が水分なので、水分不足は実の肥大を妨げる。

裏ワザ 1

山なり仕立て

こう変わる!

→合掌に組んだ支柱の高さを低く抑えるので、風に強くなる
→摘芯や収穫などの作業が低い位置でできる
→主枝を長く伸ばせる分、収量を増やせる

低い支柱を合掌に組み、山なりに仕立てます。

仕立て方や追肥、水やりなどの手入れは基本どおり。違うのは、親づるを摘芯せずに長く伸ばし、支柱の反対側に垂らすことです。低い位置で支柱を交差させることで作業性が高まり、風にも強くなります。

通常は、収穫量を増やすためには長い支柱を立てて誘引する必要がありますが、このやり方なら、支柱の高さは通常の半分でも、基本の仕立てと同じ長さまで親づるを伸ばせます。

栽培データ

畝(1条植え)
畝幅：100〜120㎝　株間：50㎝
資材
支柱(長さ150㎝の支柱を合掌式に立てる)
園芸用ネット、ポリマルチ、ひも

STEP 1 支柱を低い位置で交差させ、ネットを張る

150㎝の支柱を低い位置で交差させ、園芸用ネットを張る。つるや葉が茂ってきたら、ネットに絡ませる。補強の支柱を立てるとよい。

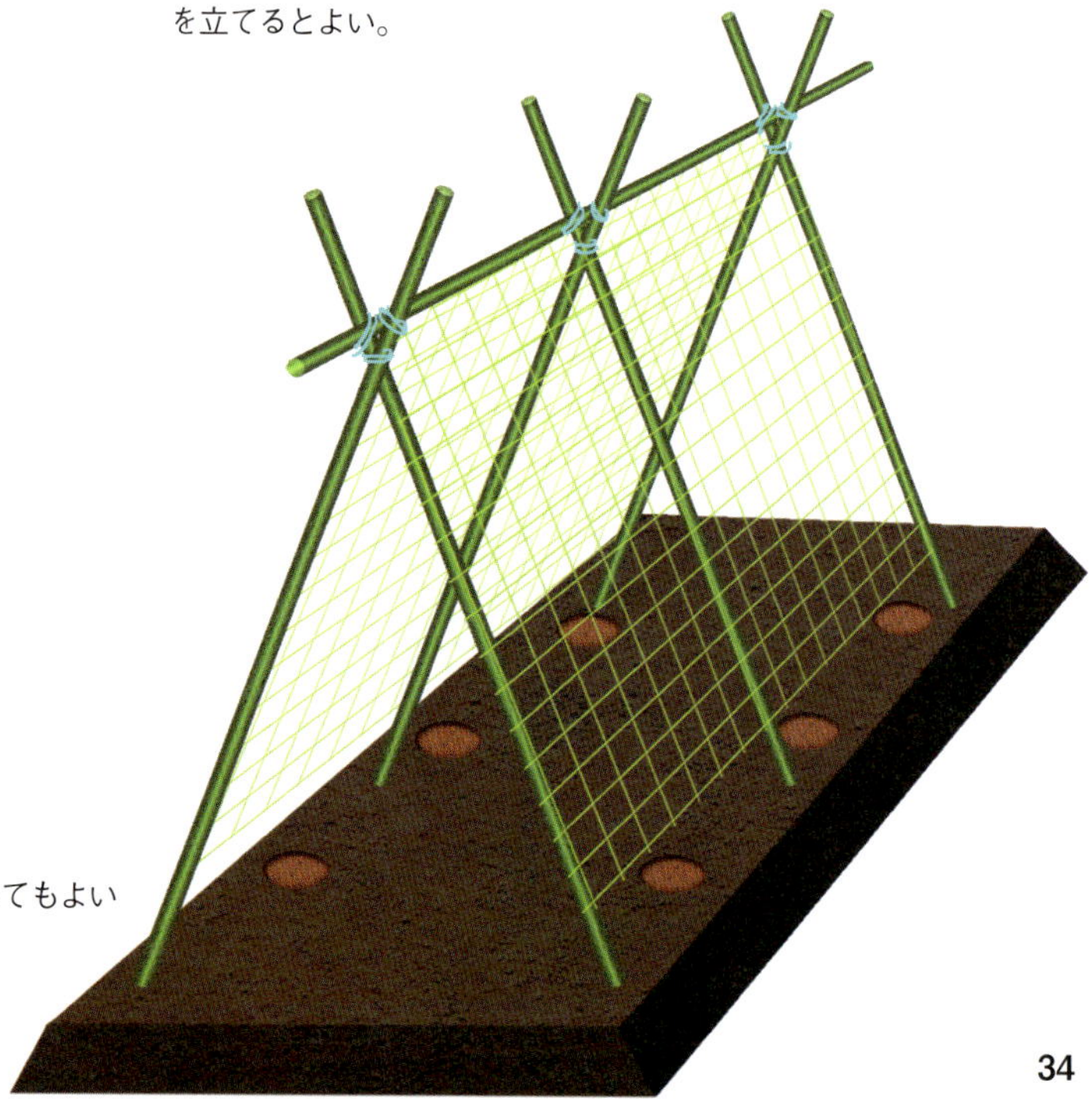

1条植えの場合は、畝の片側に寄せて植える。2条植えにして、そのうち生育のよいほうを残してもよい

STEP 2 下から5〜6節のわき芽と雌花を摘み取る

基本の仕立て方と同様、下から5〜6節までのわき芽と雌花を摘み取る。養分が株の生長に回り、株元の風通しもよくなる。

つるが伸びるごとに、随時ネットに絡ませていく

STEP 4 支柱の高さになったら反対側に垂らす

親づるが支柱より高く伸びたら、支柱の反対側につるを垂らす。つるはやわらかいので捻枝は必要ないが、この作業は株の水分量が少ない午後に行うとよい。

STEP 3 子づるを2節で摘芯する

親づる1本に仕立て、子づるは2節で摘芯する。

STEP 5 親づるが地面についたら摘芯する

親づるが反対側の地面についたら、摘芯する。親づるの摘芯後に出た子づるは放任してよい。ただし、葉が混み合いやすいので、下葉や黄色くなった古い葉を中心に、混み合う部分を切り取る。

裏ワザ2 親づると子づるの3本仕立て

こう変わる！

→メインのつるが3本になるので、1株当たりの収穫量が増える
→株間を広くあけて植えつけるので、株数が少なくてすみ、苗が節約できる
→基本の仕立ての途中からでも、子づるを伸ばして応用できる

親づると、勢いのよい子づる2本を伸ばす仕立て方です。メインのつるが3本に増えることで、収穫量は5~6割程度多くなります。その分、株間を広くとり、追肥の回数を増やします。

基本の仕立て方の途中からも変更できるので、欠株が出てしまったときに、隣の株の子づるを伸ばして収量を補うことも可能です。スペースが狭いときは、親づると子づる1本ずつの2本仕立てにしてもよいでしょう。

栽培データ

畝（2条植え）
畝幅：120㎝　株間：120㎝
資材
支柱（長さ210~240㎝の支柱を上部で交差するように合掌式に立てる）
園芸用ネット、ポリマルチ、誘引用のひも

STEP 1 下から5~6節のわき芽と雌花を摘み取る

株の生長を優先させるため、下から5~6節までのわき芽と雌花を摘み取る。雄花は放置してよい。

STEP 2 支柱を立てる

1株につき支柱を3本立てる。株の重みがかかるので、斜めにも支柱を立て、上部には横支柱を渡して補強する。または合掌式に仕立ててもよい。できれば園芸用ネットを張り、ネットが垂れ下がらないようにひもで留める。ネットは風対策としても有効。

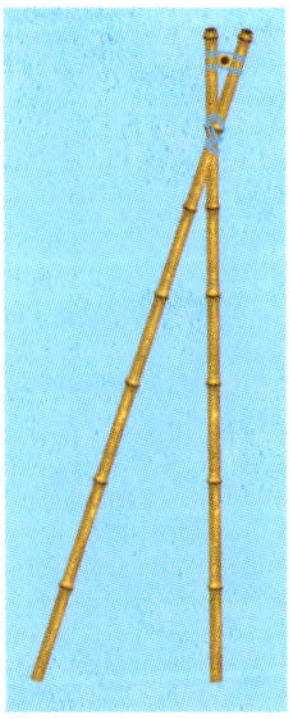

斜めに立てる支柱と横に通す支柱を組み合わせて補強する

3株育てる場合の支柱の立て方。1株当たりの着果数が増える分、施肥量も増やす

STEP 3 子づるを2本伸ばす

7〜10節から出てくる子づるの中から勢いのよいもの2本を選んで育て、それ以外を摘み取る。以後、ここで伸ばした親づる1本と2本の子づるを「メインのつる」とする。

STEP 4 孫づるは1節で摘芯する

メインのつるから伸びるわき芽(孫づる)は、1節で摘芯する。

STEP 5 葉が重ならないように広げる

葉が重ならないように、つるを広げる。巻きひげが園芸用ネットに絡むので誘引は不要だが、つるを広げるときや、実がネットの内側に回って収穫しづらいときなどは、ひもで誘引する。ネットを張っていない場合は、支柱に誘引する。

STEP 6 支柱の高さで摘芯する

メインのつる3本が支柱の高さまで届いたら、それぞれ摘芯する。1株当たりのつるの数や収量が増えるので、追肥の間隔を基本より短くし、7〜10日おきに施す。肥料焼けが心配なので、1回に散布する量は増やさない。

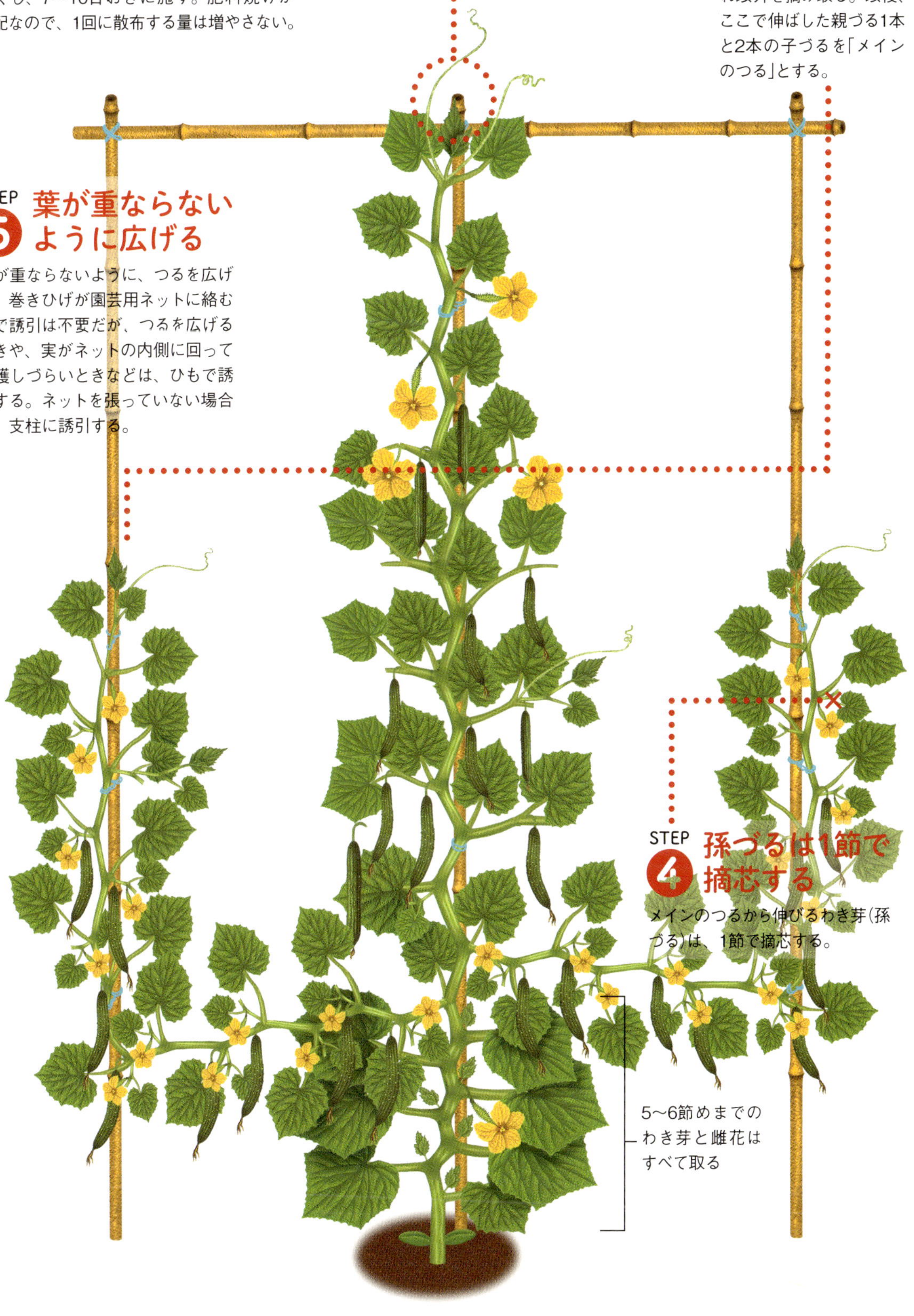

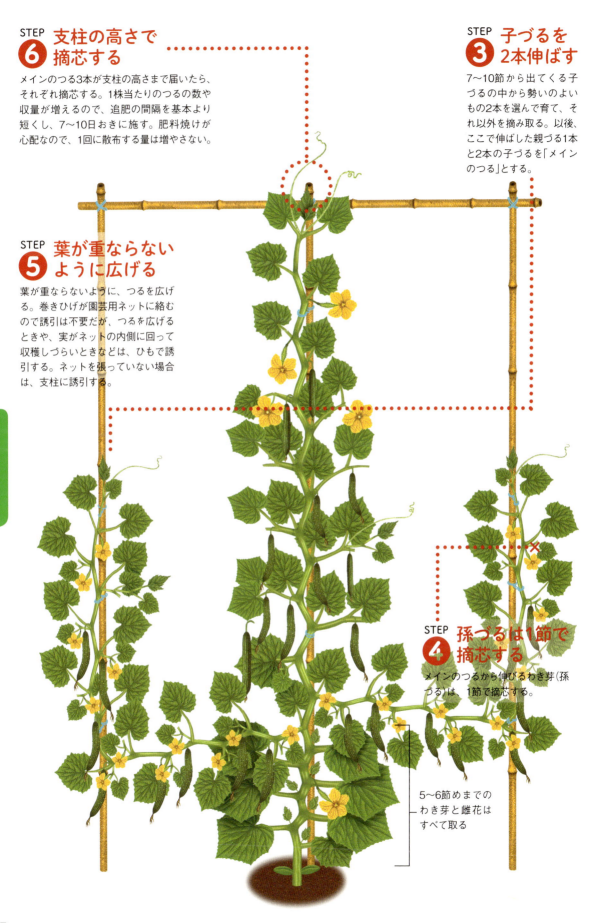

裏ワザ 3

じかまき地ばい仕立て

こう変わる！

→じかまきで育てられる
→夏キュウリの収穫が始まってから種をまき、9～11月まで秋キュウリが楽しめる
→植えつけ時の資材は不要。誘引も不要で手間がかからない

栽培データ

畝(1条植え)
畝幅：100㎝
株間：50～70㎝
資材
敷きわらなど

支柱を使った立体栽培が一般的なキュウリを、地面にはわせて栽培します。

30℃以上の高温が苦手なキュウリ。それを7月上旬～中旬に畑にじかまきし、9～11月の涼しい時期に収穫するのが秋キュウリです。

暑さに強い、地ばいに向く「飛び節性」の品種を使います。基本の仕立てとは違い、子づるを中心に伸ばします。生育初期のうちに親づるを摘芯して子づる4～5本に整枝すれば、あとは放任できます。つるを地面にはわせるので、支柱に誘引する手間がかかりません。

STEP 1 種をじかまきして間引く

元肥をまいて畝を立てる。中央に深さ1㎝のくぼみをつくり、1か所に3粒の種をまく。

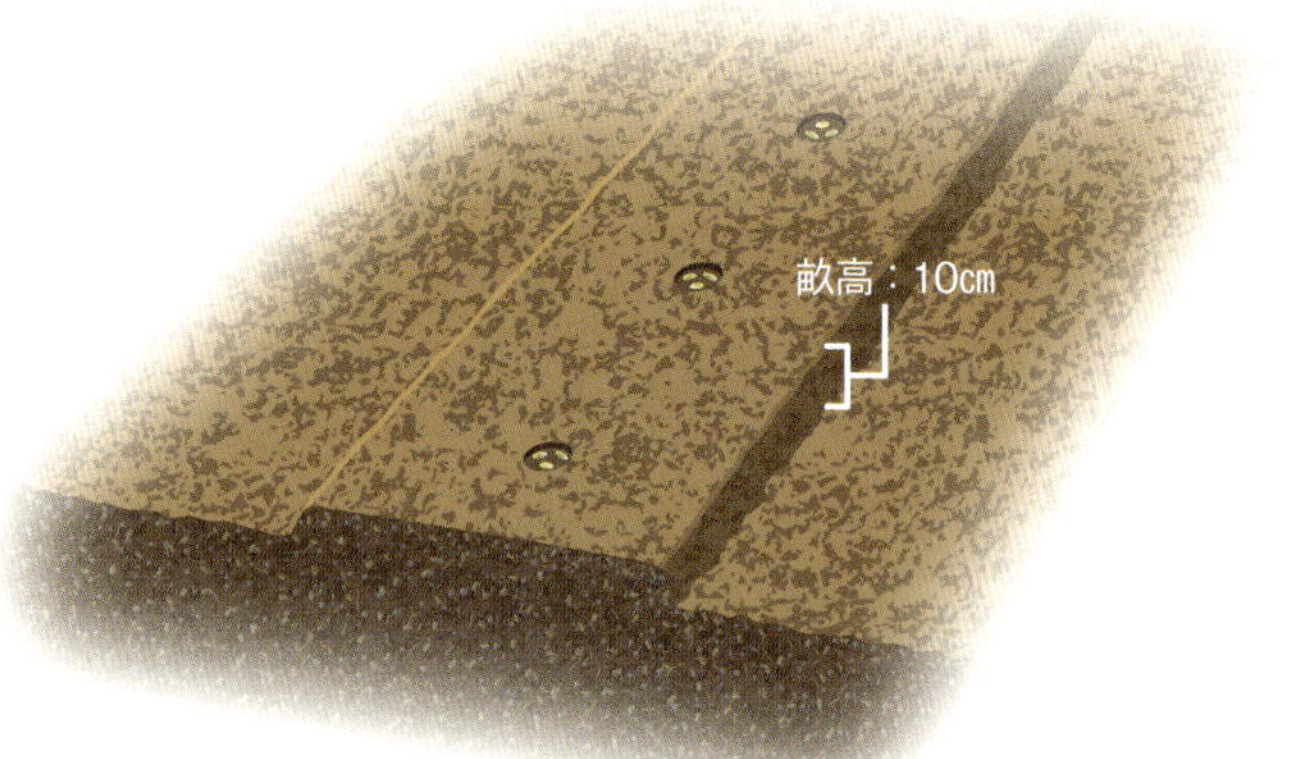

覆土したら、水をたっぷりやる。夏の高温時は肥料の効きがよくなるので、元肥は控えめに

STEP 2 1本に間引く

本葉3～4枚のとき、3本の苗から1本に間引く。残す株の根を傷めないよう、はさみで切る。

STEP 3 わらや刈り草を敷く

つるが伸び始めたら、株元にわらや乾燥させた刈り草を敷く。地温の上昇を抑えて、実の病気や汚れなどを防ぐ効果がある。

STEP
4 7〜8節で摘芯する

親づるを7〜8節で摘芯し、
子づるを伸ばす。

STEP
5 子づる4〜5本に整枝する

勢いのよい子づる4〜5本を残し、ほかは切り取る。子づるを均等に広げ、あとは放任でよい。

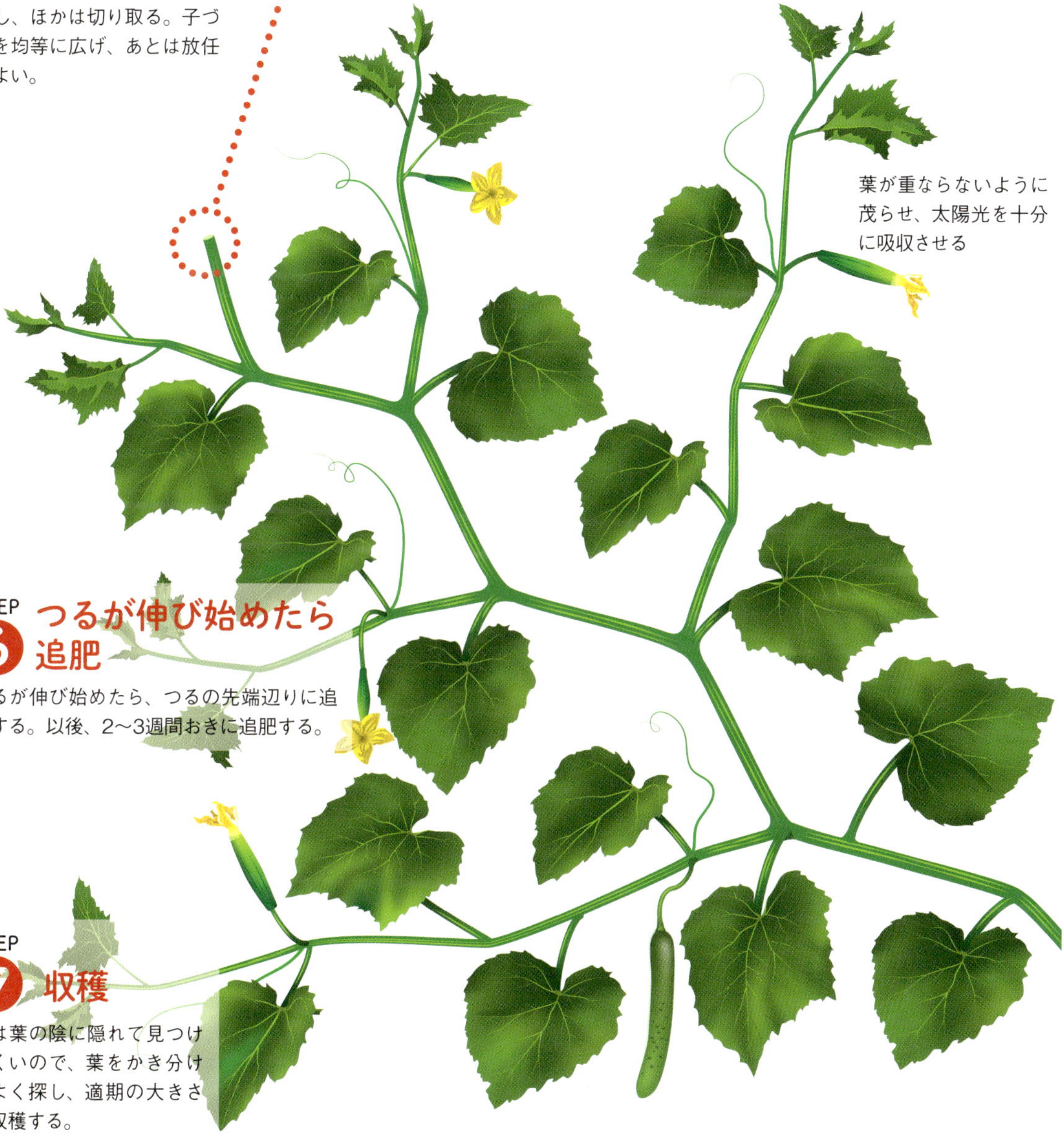
葉が重ならないように
茂らせ、太陽光を十分
に吸収させる

STEP
6 つるが伸び始めたら追肥

つるが伸び始めたら、つるの先端辺りに追肥する。以後、2〜3週間おきに追肥する。

STEP
7 収穫

実は葉の陰に隠れて見つけにくいので、葉をかき分けてよく探し、適期の大きさで収穫する。

コラム 節成り性と飛び節性

雌花のつき方(着果習性)には大きく分けて節成り性と飛び節性があり、仕立て方が異なる。各節に雌花がつく節成り性は、親づる1本に仕立てて立体的に栽培するのに向く。主枝に雌花が飛び飛びにつく飛び節性は、親づるを摘芯して子づる、孫づるに雌花をつけさせる。地面を葉が覆うため、高温や乾燥、風の影響を受けにくく、霜が降りるまで長く収穫できる。

カボチャ

西洋カボチャは、親づるの節に雌花がつきやすいので、親づると子づる2本を伸ばす3本仕立てが適しています。株元から4～6節までの子づるを摘み取り、その先に出る強い子づるを2本残します。着果するまでのわき芽を摘み取り、着果後はつるを放任します。生長の早い親づるからは、早い時期に第1果が収穫できます。

訪花昆虫が少ない時期は、雌花が咲いた早朝に人工授粉をして、確実に着果させます。吸肥力が強く、肥料が多すぎるとつるぼけを起こして雌花のつきが悪くなるので、追肥は第1果がこぶし大になるのを待ってから。つる1本につき1～2個、1株で3～5個の収穫が目安です。つるの伸びが旺盛なので、1株で2m四方程度の面積を用意します。

基本の育てワザ

- 株元から4～6節めまでのわき芽を摘み取る
- 親づると、勢いのよい子づる2本に整枝する
- 梅雨明け前後に株の下にわらを敷き、つるを均等に広げる
- 着果節までの子づる、孫づるを摘み取る

マルチで地温を高める

カボチャは生育初期は高温を保つ必要があるので、マルチを張って地温を十分に高める。透明マルチがおすすめ

追肥のタイミング

1回め

1番果がこぶし大になったら

伸びた根の先の位置に見当をつけて施肥する。

2回め以降

最初の収穫後

1番果がとれたタイミングで1回めと同様の追肥を。以後、株の勢いが弱いと感じたときに、適宜、施肥する。

STEP 1 株元から4～6節の子づるを摘み取る

株元から4～6節めまでの子づるは、養分を株の充実に回すためにつけ根から摘み取る。

STEP 2 親づる1本と子づる2本の3本に仕立てる

子づるが伸びてきたら、元気のよいもの2本を残してほかを切り取り、親づるを加えた3本仕立てにする。以後、親づる1本と2本の子づるを「メインのつる」とする。

栽培データ

畝(1条植え)

畝幅：100cm　株間：100cm

＊1株植えの場合は、スペースの中央に鞍つきをつくって植えつける

資材

ポリマルチ、誘引用のひも、敷きわら

植えつけ時期

(一般地)5月上旬～5月下旬
(寒冷地)5月下旬～6月中旬
(温暖地)4月下旬～5月中旬

基本の仕立て

親づる・子づる3本仕立て

STEP
3 着果節より前のわき芽を摘み取る

雌花が咲くまで、メインのつるから出るわき芽を摘み取る。第1果が着果したら、あとは放任する。つるが混み合った所は適宜整理し、蒸れるのを防ぐ。

STEP
4 人工授粉

低節位に咲く雌花は奇形や小ぶりになりやすいので、第1雌花を避けて第2、第3雌花に着果させるのが基本。雌花が咲いたら早朝9時までに人工授粉し、近くに授粉日を記したラベルをつけておくと、収穫の目安になる。数日後、着果が失敗して幼果がしなびたり、黄変して落ちたりしたら、4～5節後に咲く次の雌花に人工授粉をする。人工授粉の練習として第1雌花に着果させてもよい。

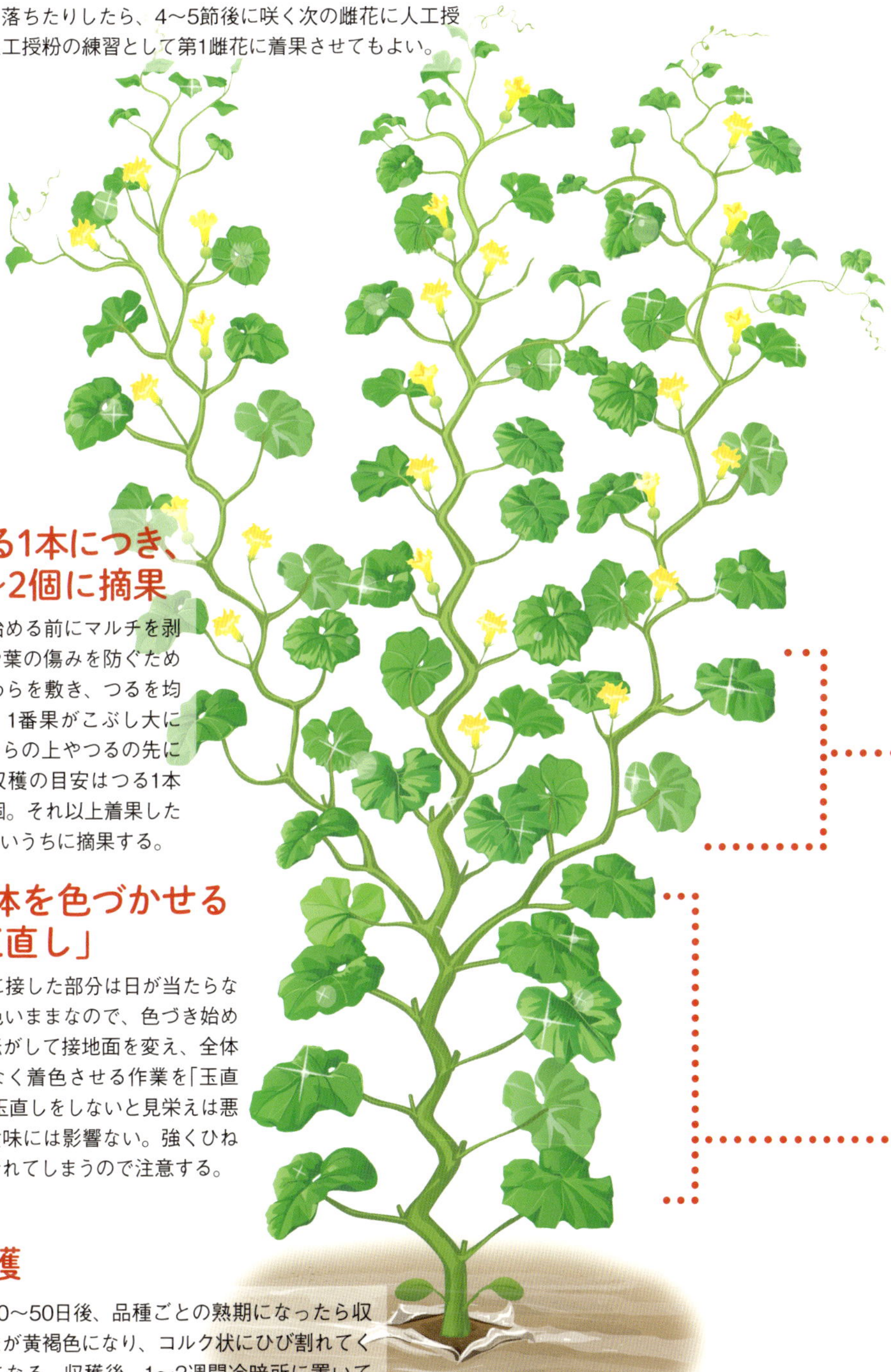

STEP
5 つる1本につき、1～2個に摘果

つるが伸び始める前にマルチを剥がし、つるや葉の傷みを防ぐために株の下にわらを敷き、つるを均等に広げる。1番果がこぶし大になったら、わらの上やつるの先に追肥する。収穫の目安はつる1本につき1～2個。それ以上着果したときは、小さいうちに摘果する。

STEP
6 全体を色づかせる「玉直し」

果実が地面に接した部分は日が当たらないために黄色いままなので、色づき始めたら果実を転がして接地面を変え、全体にまんべんなく着色させる作業を「玉直し」という。玉直しをしないと見栄えは悪くなるが、食味には影響ない。強くひねるとへたが折れてしまうので注意する。

STEP
7 収穫

授粉日から40～50日後、品種ごとの熟期になったら収穫する。へたが黄褐色になり、コルク状にひび割れてくるのも目安になる。収穫後、1～2週間冷暗所に置いて追熟させると、デンプンが糖分に変わって甘みが増す。

裏ワザ1 子づる3本仕立て

こう変わる！

→子づる3本の生長スピードがほぼ同じなので優劣がつきにくく、そろいのよい果実ができる
→収穫するのはつる1本につき1個なので、養分が実に集中して味のよいものができる
→いっせいに収穫できるので片づけが早く済み、畑のやりくりがしやすい

親づるを摘芯し、子づるだけを育てる仕立て方です。西洋カボチャに比べて草勢がおとなしい、日本カボチャに向いた仕立て方です。親づるを4～5節で摘芯して子づる3本に整枝し、子づるの4～5節めにつく第1雌花に人工授粉で着果させます。

1本のつるにつき1個、1株で3個の収穫を目標にし、ほかは幼果のうちに摘果します。残った実に養分を集めることで、味のよい実ができます。

栽培データ

畝(1条植え)
畝幅：100㎝　株間：100㎝
資材
ポリマルチ、誘引用のひも、敷きわら

追肥は1回

つるの長さが50㎝ほどに伸びそろったら、つるの先端辺りに、ぐるりと1周分追肥をする。

マルチで地温を上げる

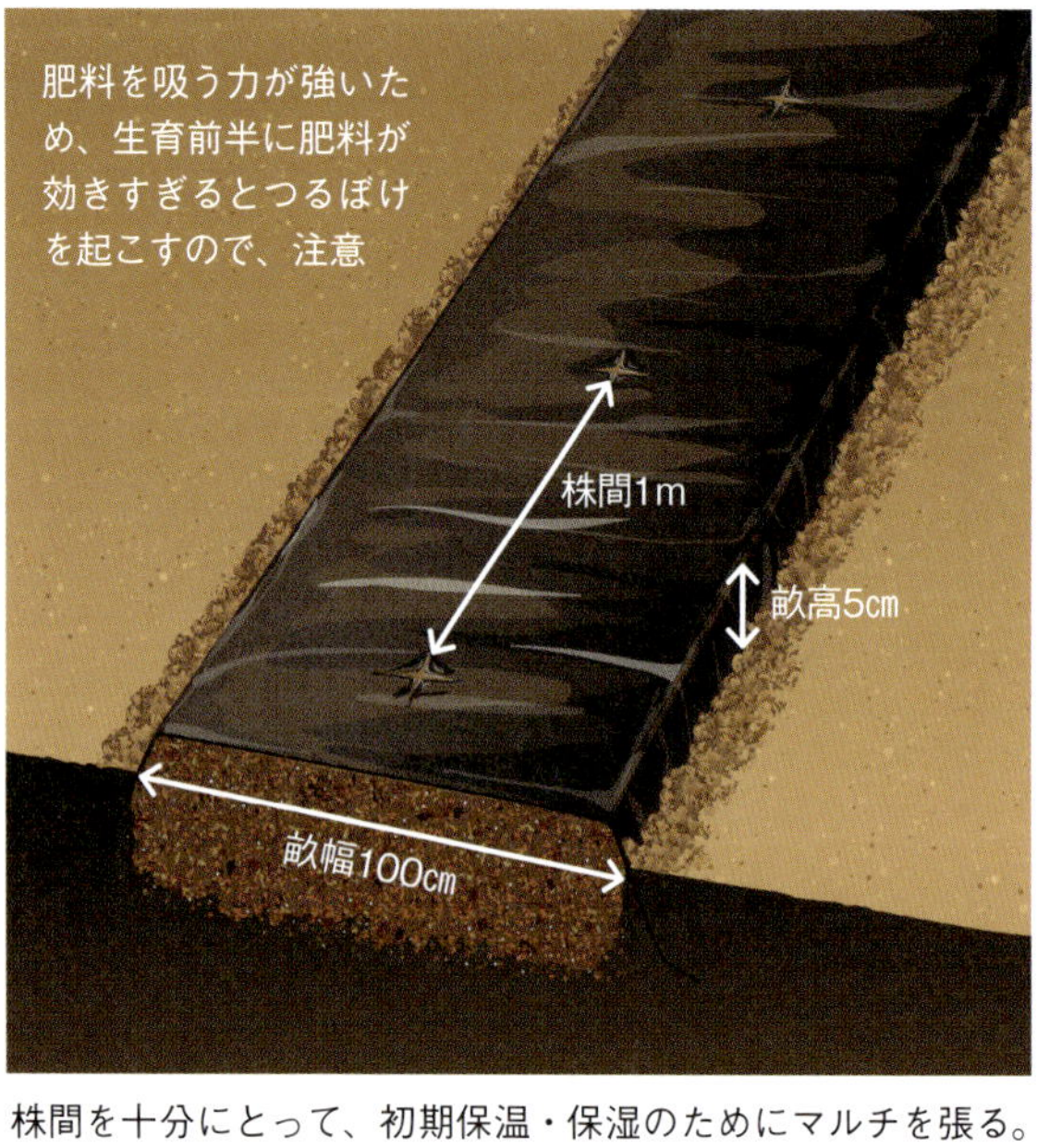

肥料を吸う力が強いため、生育前半に肥料が効きすぎるとつるぼけを起こすので、注意
株間1m
畝高5㎝
畝幅100㎝

株間を十分にとって、初期保温・保湿のためにマルチを張る。元肥が多すぎると、葉ばかりが茂るつるぼけを起こしやすいので、ボカシ肥などの遅効性のものをバランスよく施す

コラム　カボチャの着花習性

西洋カボチャ	親づる：10～15節に第1花、以後5～6節おきに着花。 子づる：8～12節に第1花、以後4～8節おきに着花。
日本カボチャ	親づる：7～8節に第1花、以後4節おきに着花。 子づる：4～5節に第1花、以後3～4節おきに着花。

STEP 1 株元から4〜5節で摘芯し、子づるを3本伸ばす

親づるを4〜5節で摘芯する。子づるが伸び始めたら、元気のよいものを3本選んで伸ばし、ほかはつけ根からかき取る。つるが伸びたら株の下にわらを敷き、つるを均等に広げる。

STEP 2 着果するまでは孫づるを摘む

着果するまではわき芽(孫づる)を取り続ける。着果後の孫づるは放任し、混み合った所を適宜切り取る。

STEP 3 第1雌花に人工授粉する

各つるに第1雌花が咲いたら、早朝に人工授粉をする。授粉日がわかるように目印をつけておくとよい。

STEP 4 1つる1個に摘果する

子づる1本につき1個にするため、早く着果したもの、大きいもの、形のよいものを残してほかは摘果する。摘果によって養分が集中しておいしい実になる。

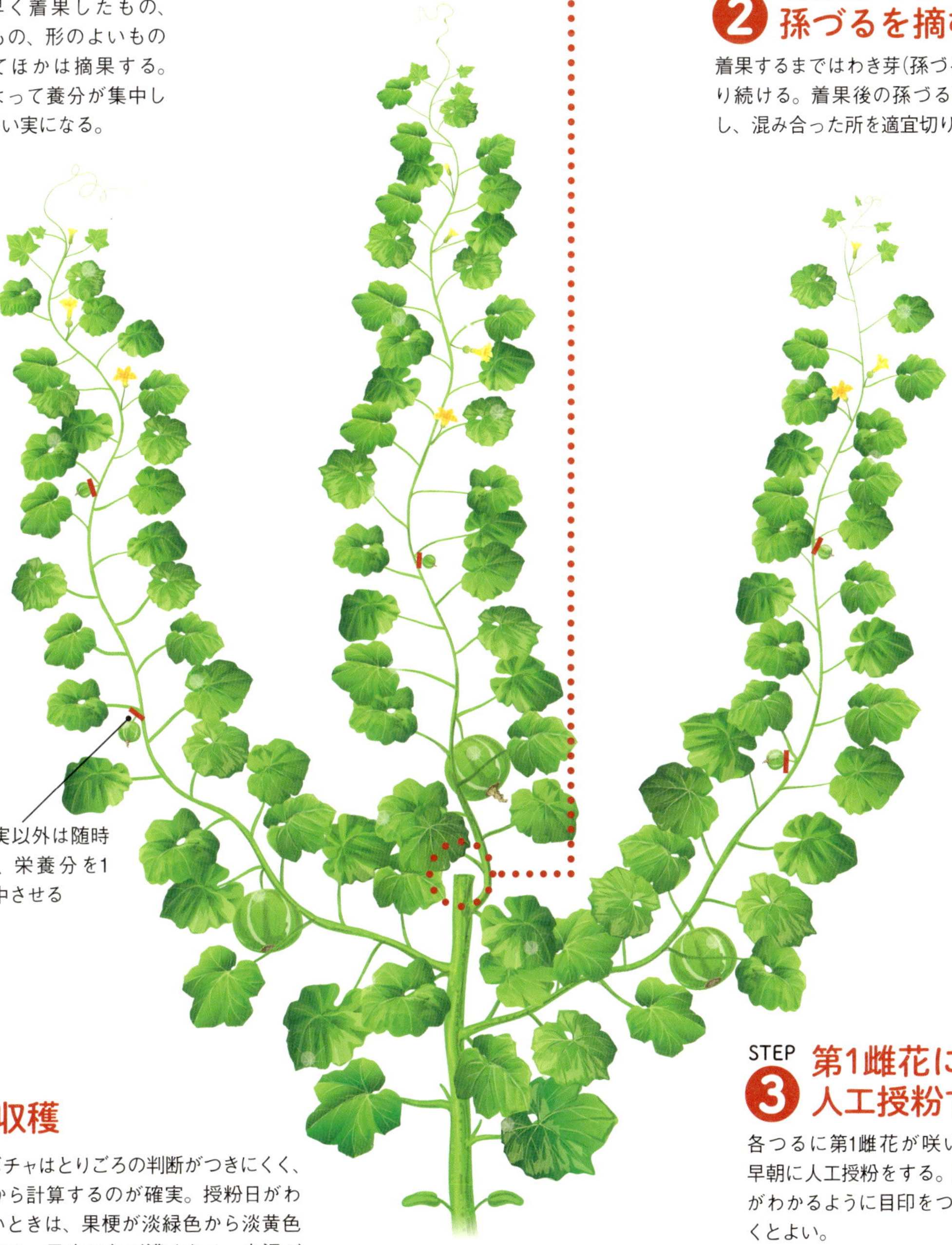
育てる実以外は随時摘果し、栄養分を1つに集中させる

STEP 5 収穫

日本カボチャはとりごろの判断がつきにくく、授粉日から計算するのが確実。授粉日がわからないときは、果梗が淡緑色から淡黄色に変化する、果皮の色が濃くなる、光沢が失われる、ブルーム(果皮につく粉)が現れる、などを目安に収穫する。

裏ワザ2 ミニカボチャの立体仕立て

こう変わる！

→地ばい栽培と比べて狭いスペースで作れる
→株全体に日が当たり、風通しがよくなる
→玉直しが不要で、収穫しやすい
→着果負担が軽いので、摘果不要で次々と実をつける

栽培データ

畝（1条植え）
畝幅：100㎝　株間：100㎝
資材
支柱（長さ210〜240㎝の支柱を合掌式に立てる）
園芸用ネット、ポリマルチ、誘引用のひも、敷きわら

狭い面積でカボチャを作るには、支柱を立ててネットにつるをはわせる立体仕立てがおすすめです。ミニカボチャは軽量で実のつきがよく、立体栽培に向いています。

つるや葉が茂って重くなるので、支柱は太いものを使い、しっかりとした合掌式に組みます。つるは適宜誘引が必要です。人工授粉と追肥、収穫の目安は基本仕立てのとおりです。

支柱を立てる手間はかかりますが、摘果や玉直しは不要です。

STEP 1 支柱を立ててネットを張る

株のわきに合掌式に支柱を立て、太めの園芸用ネットを張る。株の重みがかかるので、支柱と支柱の交差する所をひもでしっかりと縛り、筋交いを入れるとよい。立体栽培は風通しがよいので、夏まきにも向くが、その場合は地温の上がりすぎを防ぐ白黒マルチを張るとよい。

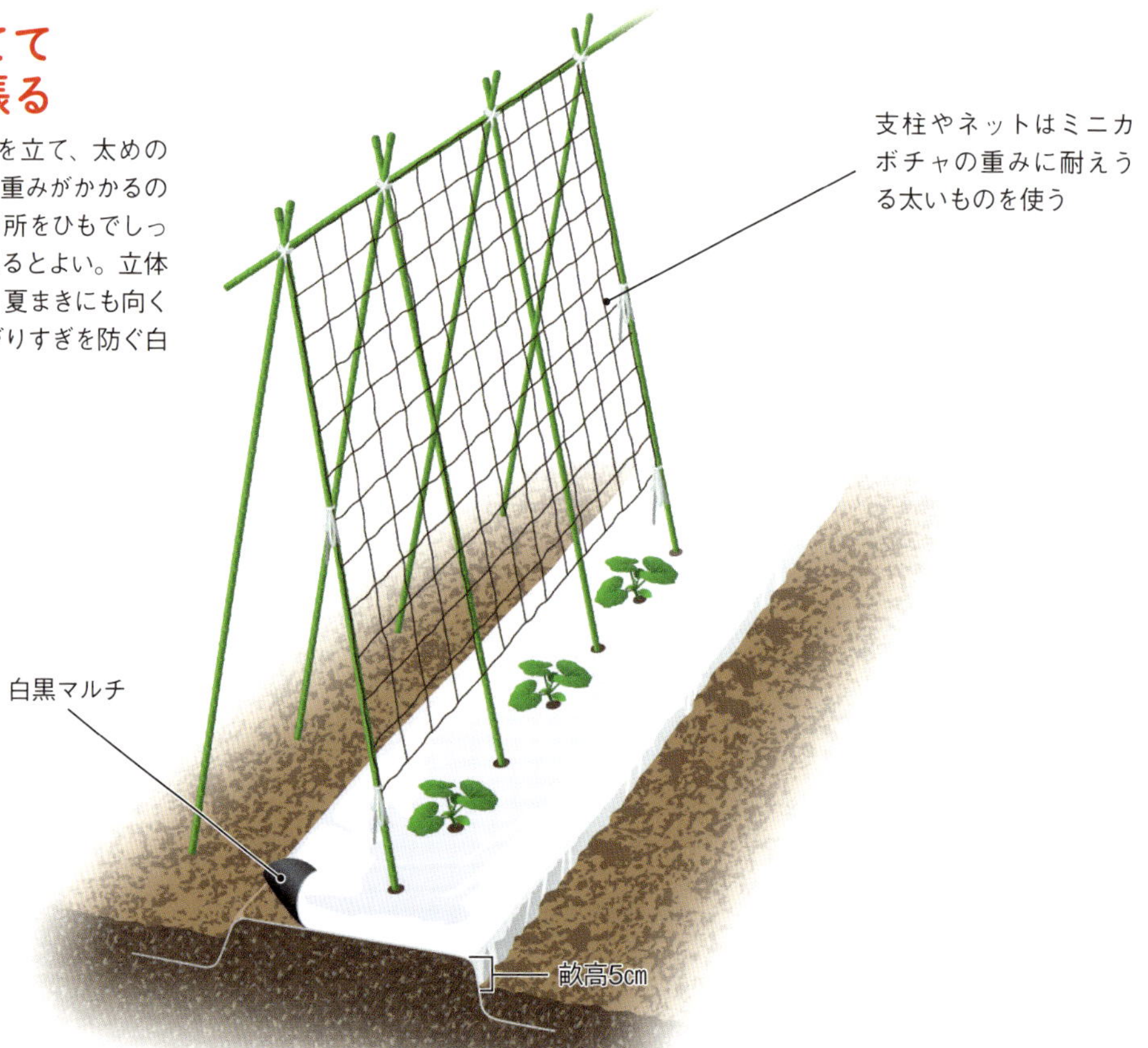

支柱やネットはミニカボチャの重みに耐えうる太いものを使う
白黒マルチ
畝高5㎝

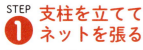

STEP
2 親づる1本と子づる2本に整枝して誘引する

親づるを伸ばし、わきから出る子づるの中から勢いのよいもの2本を選んで育てる。つるを均等に広げてネットに誘引し、支柱の先まで伸びたら反対側に垂らす。茎から出る巻きひげは自力では巻きつき登っていくことができないので、誘引が必要。

STEP
3 着果するまではわき芽を摘み取る

着果節までのわき芽を摘み取り、人工授粉で着果後は放任してよい。つるや葉が混んでいる所は適宜切り取る。

STEP
4 追肥する

最初の実がこぶし大になったら、株元から少し離れた所のマルチに棒で穴をあけ、その中に施肥する。

STEP
5 株元にわらを敷く

梅雨の頃に株元にわらを薄く敷く。マルチは、剥がしても剥がさなくてもどちらでもよい。梅雨が明けたら敷きわらを足して厚くし、地温の上昇を抑える。

ピーマン・シシトウ・トウガラシ

3種ともナス科トウガラシ属の野菜で、暑さに強くて実のつきがよいのが特徴です。整枝をしなくても40～50個程度とることができますが、整枝をすれば100個以上の収穫も難しくありません。

本葉1枚ごとに花がつく性質があり、同じナス科のトマトが本葉3枚ごと、ナスが本葉2枚ごとに花がつくのに比べると、開花の効率のよさは群を抜きます。

さらに、花がつくたびに同じ節から2～3本の枝が分枝するので、花の数に比例して枝が増えていきます。主枝と側枝2本の3本仕立てにするのが基本ですが、生育をみながら、日の当たらない内側の枝や弱い枝を適宜剪定して草姿を整えます。定期的な追肥と水やりで、晩秋まで長く楽しめます。

基本の育てワザ

- 主枝と、1番花の下のわき芽2本の3本に仕立てる
- 1番果は若採りし、株の充実を図る
- 植えつけの1か月後から、3～4週間おきに追肥する
- ピーマン、シシトウは開花から15～20日で収穫する
- トウガラシは未熟果から完熟果まで、いつでも収穫できる

元肥は地中深くにも

長期収穫でも株疲れさせないよう、地中深くに遅効性の元肥を施すのがポイント。保温・保湿のために黒マルチを張る。

かならず仮支柱を立てる

ピーマンの枝は曲がりやすいので、植えたら仮支柱を立て、8の字に緩めに結ぶ。

コラム　ピーマンの仲間の分類

ピーマン、シシトウ、トウガラシは、果実の大きさと辛みのあるなし、収穫時期などによって、おおまかに以下のように分類されている。最近は、中果種でも完熟果を収穫するものや、大果種でも未熟なうちに収穫するものなど、従来の分類に収まらない新しい品種も出回っている。

果実の大きさ	辛みの有無	収穫時期	主な野菜名
大果種	甘味種	完熟果で収穫	カラーピーマン(ジャンボピーマン)、パプリカ
中果種	甘味種	未熟果で収穫	ピーマン
小果種	甘味種	未熟果で収穫	シシトウ、甘トウガラシ
	辛味種	未熟果、完熟果で収穫	トウガラシ

栽培データ

畝(1条植え)
畝幅：60㎝　株間：45～50㎝

資材
支柱(長さ120～150㎝の支柱を垂直に立てる。さらに2本の支柱をクロスして立ててもよい)
ポリマルチ、誘引用のひも

植えつけ時期
(一般地)4月下旬～5月下旬
(寒冷地)5月中旬～6月中旬
(温暖地)4月中旬～5月中旬

基本の仕立て 主枝・側枝3本仕立て

STEP 1 1番花の下のわき芽を2本残す

1番花の下のわき芽の中から元気のよいものを2本選んで伸ばし、主枝1本と側枝2本の合計3本に整枝する。側枝の下のわき芽はすべて摘み取る。一度摘んだ所から新たなわき芽がまた出てくるので、そのつど摘み取る。

STEP 2 支柱を立ててこまめに誘引する

草丈が伸びたら仮支柱を外し、根元の株から10cm程度離れた所に本支柱を立てて誘引する。枝が折れやすいので、こまめに誘引し直す。強度を高めたい場合は、本支柱のほかにもう2本、1番花の下で交差するように立て、3本の枝それぞれを誘引させてもよい。

STEP 3 1番果は若採りする

1番果はひと回り小ぶりのうちに収穫し、養分を株の生長に回す。花のうちに摘み取ってもよい。

STEP 4 摘芯はせず、混み合った枝を切る

3本に整枝後は放任する。茎葉が茂ってきたら、混み合った枝や細い枝を適宜剪定する。

STEP 5 3〜4週間おきに追肥する

収穫が始まったら、3〜4週間おきに追肥する。秋まで長くとれるので、肥料切れさせないように。乾燥が続くときは、たっぷりと水やりする。

STEP 6 収穫

2番果以降は、品種相応のサイズに育ったら収穫する。ピーマン、シシトウは開花から15〜20日たった緑色のうちに収穫する。トウガラシは未熟果から完熟果まで、いつでも収穫できる。

コラム トウガラシの仕立て

トウガラシのうち、果実がまとまってつく『八房《やつふさ》』などは整枝不要。植えつけ後、放任してよい。

裏ワザ

カラーピーマンのフラワーネット仕立て

こう変わる！

→フラワーネットは設置しやすく、ネットが枝を受け止めるので、誘引が不要
→摘花によって株の負担が減り、株が長もちする

フラワーネットで枝や実を受け止めるこのスタイルは、枝数が多く、大きな実がつくカラーピーマンに適しています。

カラーピーマンは、開花から60日程度たった完熟果を収穫します。未熟なうちに収穫するピーマンに比べて株への負担が大きいので、第3分枝までの花を摘み取って収穫を遅らせ、養分を株の充実に回します。

栽培データ

畝(1条植え)
畝幅：120㎝　株間：45㎝
資材
支柱(株の四隅に長さ150㎝の支柱を立て、長さ120㎝、210㎝の支柱で補強する)
ポリマルチ、フラワーネット(あるいは園芸用ネットや麻ひも)、ひも

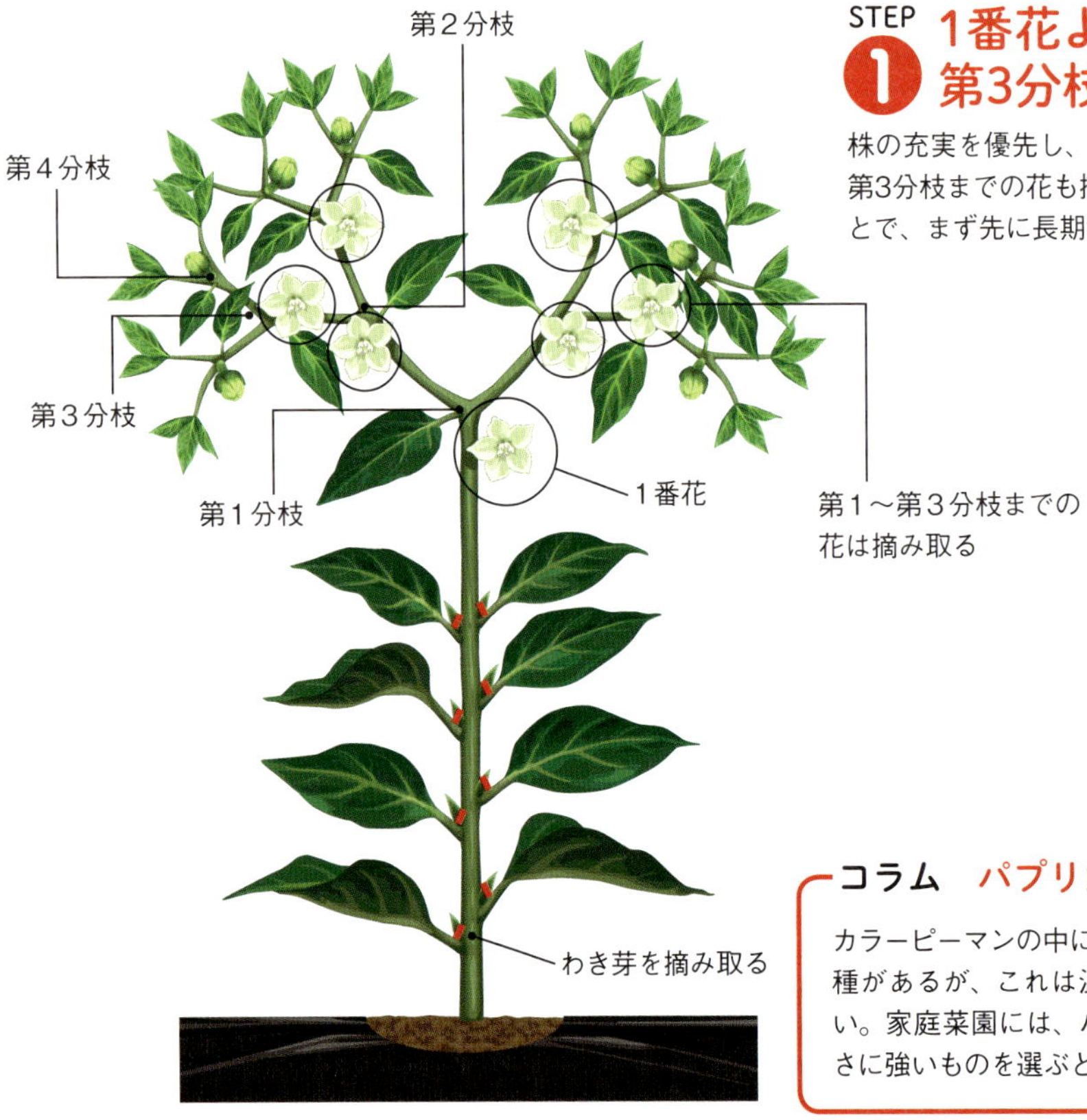

STEP 1　1番花より下のわき芽と第3分枝までの花を摘む

株の充実を優先し、1番花の下のわき芽はすべて摘み取る。第3分枝までの花も摘み取って結実を遅らせる。こうすることで、まず先に長期栽培に耐えうる株を作る。

コラム　パプリカは露地では難しい

カラーピーマンの中にはパプリカと呼ばれるベル形果の品種があるが、これは温室栽培用で、露地栽培には向かない。家庭菜園には、パプリカ以外の品種から、病気や寒さに強いものを選ぶとよい。

STEP 2 支柱を立てて フラワーネットを張る

草丈が40cmほどになったら株のまわりに支柱を立て、目合い20cmのフラワーネットや園芸用ネットを水平に張る。株の重さがかかるので、支柱をしっかり差し込んで頑丈に作る。以後、30cm間隔で上部にネットを張り、枝を受け止める。フラワーネットの代わりに園芸用ネットを使ったり、麻ひもを20cm間隔で張ってもよい。

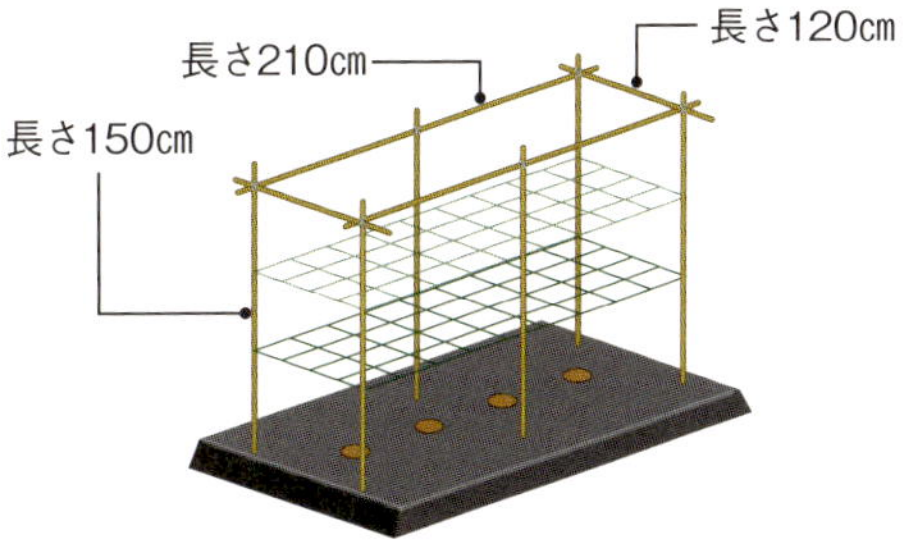

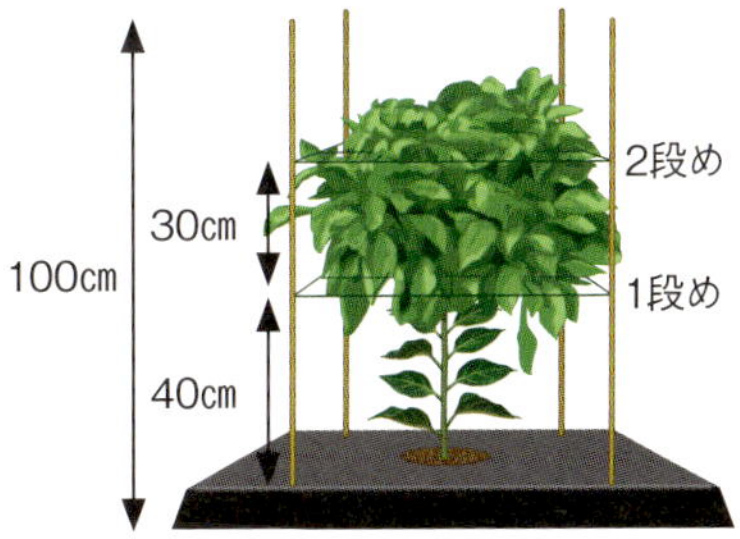

STEP 3 枝は放任する

1番花より上の枝葉は放任する。枯れた下葉や花のつかない枝、内側の弱々しい枝を適宜切り取り、風通しをよくする。

STEP 4 摘果

すべての実を完熟させるのは株への負担が大きいので、傷のある実、変形している実を早めに摘み取り、草勢を維持する。実がつきすぎて草勢が弱っているときは、追肥をすると同時に、緑色のうちに若採りして負担を軽くする。

STEP 5 2〜3週間ごとに 追肥し、収穫する

着果負担が大きいので、定期的な追肥で草勢を保つ。乾燥が続くと果実の肥大が進まないので、たっぷりと水やりする。開花から約60日がたち、品種ごとの色に熟したら収穫する。

トウモロコシ

充実した雌穂を作るには、株の充実期と雄穂の出穂期の2回の追肥がポイントです。1回めの追肥時にマルチを剥がして株元に土寄せすると、二次根（支持根）が出て根張りがよくなります。

　トウモロコシの栽培法は、最新の研究成果を踏まえて進化しています。

　一つは、側枝を残すこと。かつては側枝をかいて主枝1本にしていましたが、側枝があるほうが葉の量が多くなって光合成量が増え、根の張りもよくなって風に強くなることがわかってきました。側枝につく雄穂の花粉が、受粉にも役立ちます。

　もう一つは、除房をしないこと。以前は充実した穂を作るために、いちばん上の雌穂を残してほかをかき取っていましたが、現在の品種はスタミナがあり、1株2本以上の収穫も可能です。

基本の育てワザ

- 受粉の機会を増やすため、同じ品種を固めて植える
- 追肥は2回、タイミングを逃さず施す
- 側枝は取らない
- 雌しべ（絹糸）が茶色くなり、雌穂の肩が張ってきたら収穫する

STEP 1 同じ品種を2列以上で育てる

トウモロコシは花粉が風で運ばれて受粉する風媒花で、違う品種の花粉がつくと育てている品種本来の性質が損なわれることがあるので、同じ品種を2列以上固めて育てる。別の品種を育てる場合は、50m以上離すか、開花期が重ならないようにずらしまきをする。

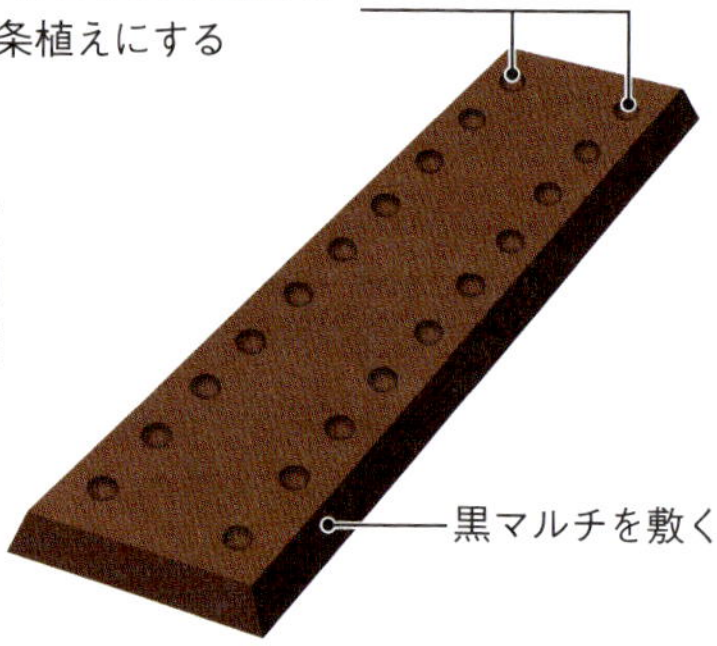
かならず同じ品種を
2条植えにする
黒マルチを敷くとよい

STEP 2 タイミングよく追肥する

追肥は、草丈約50cmのときと、雄穂の出穂期の2回。1回めの追肥時にマルチを剥がして追肥し、株元にたっぷりと土寄せして倒伏を防ぐ。生分解性マルチを使えば、マルチの上から土寄せできる。

追肥のときに土寄せすると倒れにくくなる

栽培データ

畝（2条植え）
畝幅：100cm
株間：30cm
条間：70～80cm

資材
ポリマルチ

種まき時期
（一般地）4月中旬～5月下旬
（寒冷地）5月上旬～6月中旬
（温暖地）4月上旬～5月中旬

基本の仕立て 側枝そのまま仕立て

コラム 早植えなら「穴底植え」

早い時期に植えて収穫時期を早めると、アワノメイガの被害を抑えられる。その場合、植えつけ直後を暖かく生育させられる「穴底植え」がおすすめ。

さらに寒冷紗も掛けるとよい
苗を暖かい空気で包む
透明マルチで覆い、蒸れ防止に穴をあける
深さ20cmぐらい
根は下に向かって伸びるので、追肥は株元に

STEP 3 側枝は取らない

根の張りがよくなり、光合成にも役立つので、株元から出てくる側枝は取らずに残す。

STEP 4 水やりはたっぷりと

側枝が出る頃に水不足になると、雌穂の太りが悪くなるので、土が乾いているときはたっぷりと水やりする。

STEP 5 除房はしなくてよい

かつてはいちばん上の雌穂だけを残していたが、最近の品種はすべての雌穂を残しても実が大きくなる。

STEP 6 ひげが茶色くなったら収穫

雌しべが濃い茶色になり、雌穂の肩が張ってきたら収穫する。雌穂をひねりながら下に押し倒して折り取る。収穫適期は数日なので、とり遅れないよう注意。

裏ワザ 1

アワノメイガ撃退仕立て

こう変わる！

→受粉後に雄穂を切り取ることで、アワノメイガの幼虫を雌穂へ移動させない
→雌穂に袋を掛けて、害虫の侵入を防止する
→袋を掛けることで鳥害も予防できる

重要害虫のアワノメイガの幼虫から雌穂を守るための栽培法です。幼虫は初めに雄穂を食害して枯らし、数日後に開花する雌花に入り込んで子実を食い散らかします。発生源である雄穂を切り取り、雌穂に移動する前に撃退します。

他品種との交雑を避けるために掛けることが多い袋を、害虫と鳥よけにも使うアイデア栽培です。

受粉するまでの栽培法と、収穫のタイミングは、基本の仕立てと同じです。

栽培データ

畝(2条植え)
畝幅：100㎝
株間：30㎝
条間：70〜80㎝
資材
ポリマルチ、果実袋、ひも

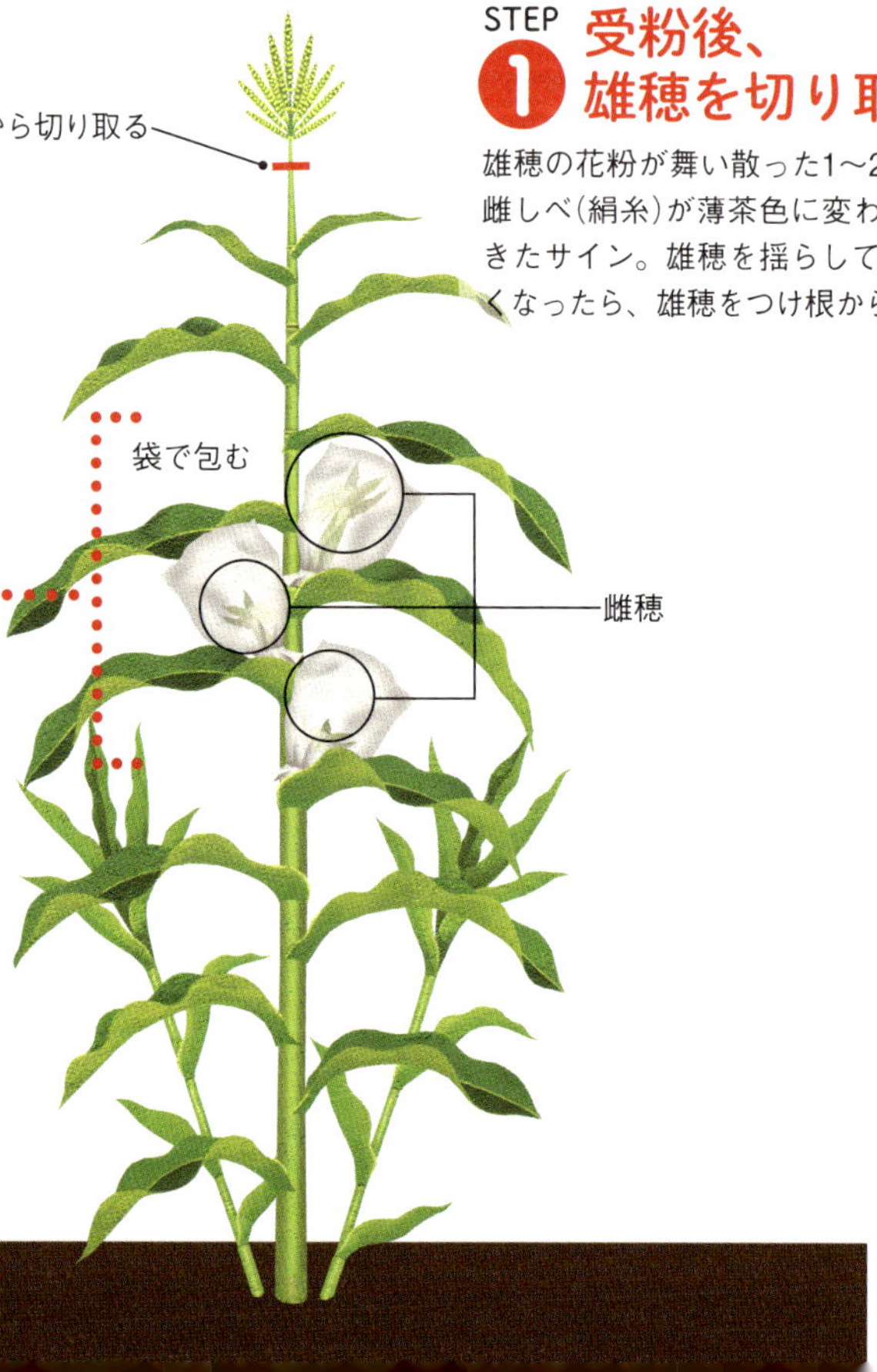

STEP 1 受粉後、雄穂を切り取る

雄穂の花粉が舞い散った1〜2日後、雌穂の雌しべ(絹糸)が薄茶色に変われば受精ができたサイン。雄穂を揺らしても花粉が出なくなったら、雄穂をつけ根から切り取る。

STEP 2 雌穂に袋を掛ける

受粉が終わった雌穂を、ブドウなどで使う果実袋で包む。根元をしっかりひもで縛り、害虫が入り込まないようにする。果実袋の代わりに、目の細かいネットや不織布などを袋状にして掛けてもよい。穂は30㎝ほどまで生長するので、大きめの袋を用意する。

裏ワザ 2 三脚仕立て

こう変わる!

→株をまとめて結束するので、強風に強くなる
→雄穂を切り取ることで、アワノメイガの幼虫の雌穂への移動を防ぐ

特別な資材を使わずに、株自体を支えとするユニークな仕立て方です。

草丈が高いいっぽう、根の張りが比較的浅いトウモロコシは、風雨などで倒れやすいのが難点です。受粉が済んだら雄穂を切り取り、3株を三脚のように結束してまとめると、おたがいに支え合って風に強くなります。

台風の襲来時などは、さらに株全体をネットで覆えば、葉の傷みも防ぐことができます。

栽培データ

畝(2条植え)
畝幅：100㎝
株間：30㎝
条間：70～80㎝
資材
ポリマルチ、結束用のひも

STEP 1 **雄穂を切り取る**
雌穂の受粉を確認したら、雄穂を切り取る。

STEP 2 **3本1組みで結束する**
雄穂を切った株を3本まとめて、上部をひもで縛る。

エダマメ

収穫後にどんどん鮮度が落ちていくエダマメは、収穫してすぐに食べられる家庭菜園で、持ち味が最大限に発揮されます。根に共生する根粒菌が空気中の窒素分をエダマメに供給するので、肥料分、とくに窒素分を少なめに施すことがポイントです。基本的に追肥は不要ですが、株の生育が悪いようなら与えるとよいでしょう。

種は鳥に食べられやすいので、種まき後は鳥よけの被覆資材を掛けて予防します。1か所2本立ちで育てると、株同士が支え合って生育初期の倒伏を予防できます。生育後半は、株元にたっぷりと土寄せし、倒伏を防ぎます。

収穫の適期は5～7日と短いので、とり遅れないように。株ごと引き抜くほか、少ない株数なら、とりごろのさやを1つずつはさみで切り取るやり方もあります。

基本の育てワザ

- マメ科野菜なので、窒素肥料は少なめに。
- 基本的に追肥は不要
- 種まき後、鳥害予防のため不織布のべた掛けか、寒冷紗をトンネル掛けする。本葉が開き始めて、双葉がしぼんだら外してよい
- さやが十分に膨らんだら、豆がかたくなる前に収穫する

基本の仕立て 放任仕立て

STEP 1 1か所2本立ちに

元肥少なめの土づくりをし、株間25㎝、条間45㎝でまき穴のあいたマルチを張って1か所に2～3粒の種をまく。鳥に狙われやすいので、種まき直後から被覆資材で覆う。初生葉が出たら1か所2本に間引き、本葉が出始めた頃に被覆資材を外す。

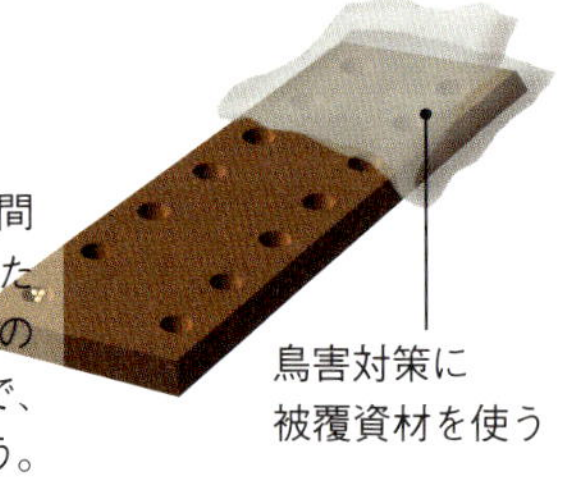

STEP 2 基本は放任 土寄せはしっかり

基本的に放任で、追肥も不要。花が咲き始めたときに、葉の色が淡い、葉の茂りが弱いなどの症状がみられたら肥料不足なので、追肥する。さやが太り始めると重みで倒れやすくなるので、双葉や初生葉を埋めるくらいまでマルチの上にたっぷりと土寄せする。

STEP 3 さやが膨らんだら収穫

株の下の方から豆が熟してくるので、中段のさやが大きく膨らんだら株ごと抜き取る。とり遅れるとさやが黄色っぽくなり、豆もかたくなって風味が落ちる。

※便宜上、イラストでは1株で描かれているが、実際には2本立ち。

栽培データ

畝(2条植え)
畝幅：60㎝
株間：25㎝
条間：45㎝

資材
トンネル用支柱、ポリマルチ、不織布、寒冷紗などの被覆資材、留め具

種まき時期
(一般地)4月中旬～5月下旬
(寒冷地)5月中旬～6月下旬
(温暖地)4月上旬～5月中旬

裏ワザ 主枝摘芯仕立て

こう変わる！

→わき芽が旺盛に伸びて枝が増え、収量も増える
→開花時期がそろうので、豆の肥大スピードもそろって、多収になる
→草丈が高くならないのでコンパクトに育ち、倒れにくくなる

ほとんど特別な手間をかけず、本葉5枚のときに摘芯するだけで増収が見込める、簡単でメリットの多い栽培法です。

エダマメは、5枚めの本葉が展開する頃に側枝が伸び始める習性があるので、分枝力が旺盛な時期に摘芯し、側枝を増やします。とくに主枝が長く伸びる中生種の場合は、主枝を摘芯することで草丈が低く抑えられるので、倒伏予防にもなります。

摘芯以外は基本の仕立てと同じです。

栽培データ

畝（2条植え）
畝幅：60㎝
株間：25㎝
条間：45㎝
資材
トンネル用支柱、ポリマルチ、不織布、寒冷紗などの被覆資材、留め具

STEP 1 本葉4〜5枚で摘芯する

本葉が4〜5枚展開したら、先端を摘芯する。草丈の伸びが抑えられ、側枝の生育に養分が回るため、側枝の分枝が促され、旺盛に伸びるようになる。摘芯が遅れると側枝の発生が悪くなるので注意。

摘芯
本葉が5枚ほどになったら摘芯のタイミング
わき芽の伸びが促される

STEP 2 収穫

収穫のタイミングは基本の仕立てと同じ。とり遅れるとかたくなるので、おいしいうちに収穫する。

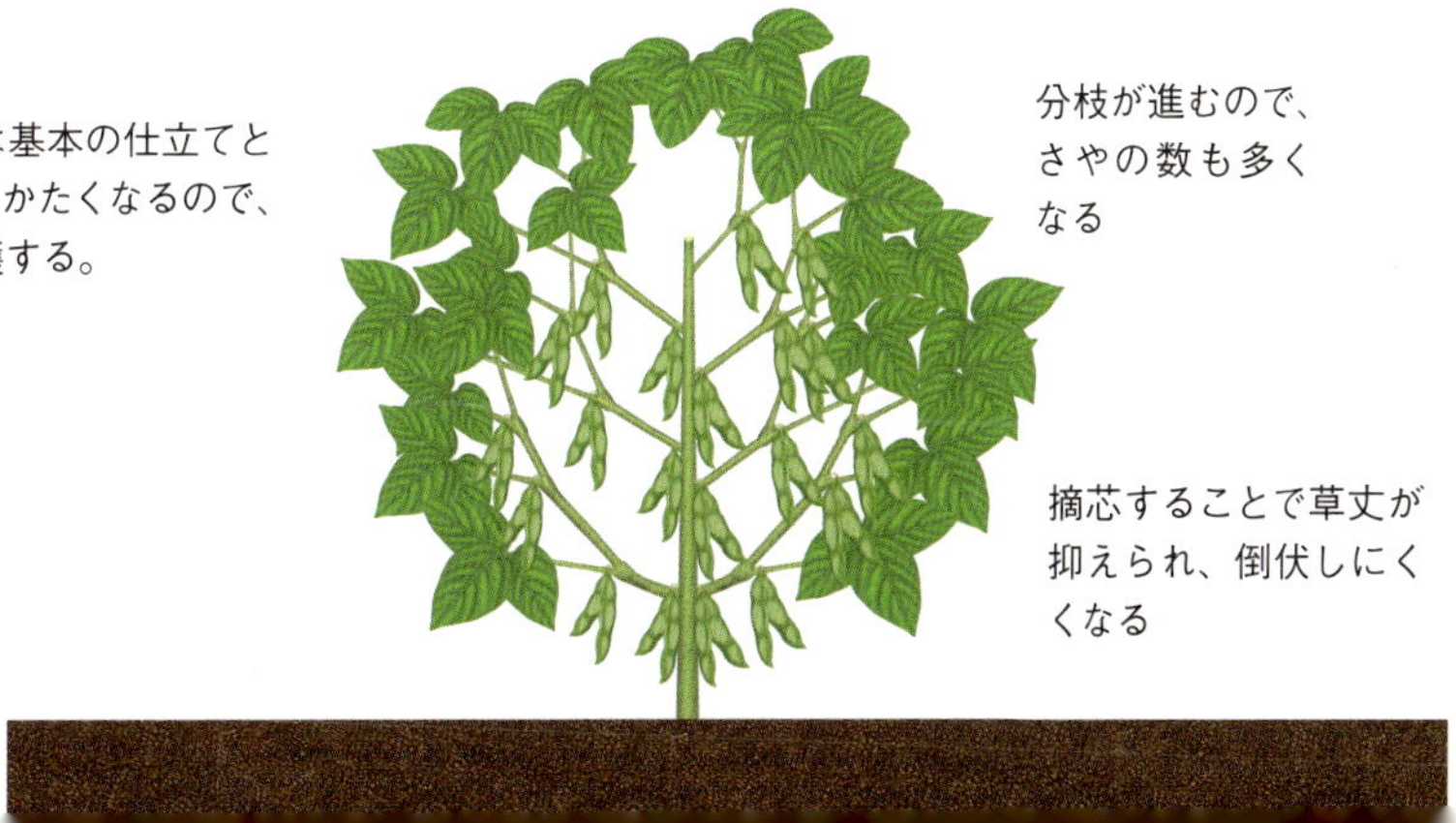
分枝が進むので、さやの数も多くなる
摘芯することで草丈が抑えられ、倒伏しにくくなる

ゴーヤー

暑さに強く草勢旺盛、病害虫の心配もほとんどないので、栽培は容易です。最近はグリーンカーテンに適した植物として立体栽培がめだちますが、地ばいでも作れます。支柱などの資材が不要で風害に強く、スペースに余裕があるときにはおすすめの仕立て方です。

雌花は子づるに多くつくので、早めに親づるを摘芯して子づるを2～3本伸ばします。子づるの本数は、栽培スペースに合わせて調節します。

ゴーヤーは葉からの蒸散量が多く、水不足になると、すぐに葉がしおれてきます。乾燥が続くときはたっぷりと水やりします。

定期的な追肥で草勢を維持すれば、涼しくなる10月まで収穫できます。

果実は小ぶりなものが多く、葉の色と同じなので、収穫が始まったらとり残さないようによく探します。

基本の育てワザ

- 親づるを6～9節で摘芯する
- 子づるを2～3本伸ばし、ほかは摘み取る
- 株の下にポリマルチ、あるいはわらを敷いてつるを広げる
- 品種特有の大きさで収穫する

栽培法に合わせて株間を変える

ある程度密植にも強い作物なので、支柱を立ててネットを張る立体仕立てをする場合は、株間は30㎝程度でよい。地ばいで育てる場合は、株間を十分とる。

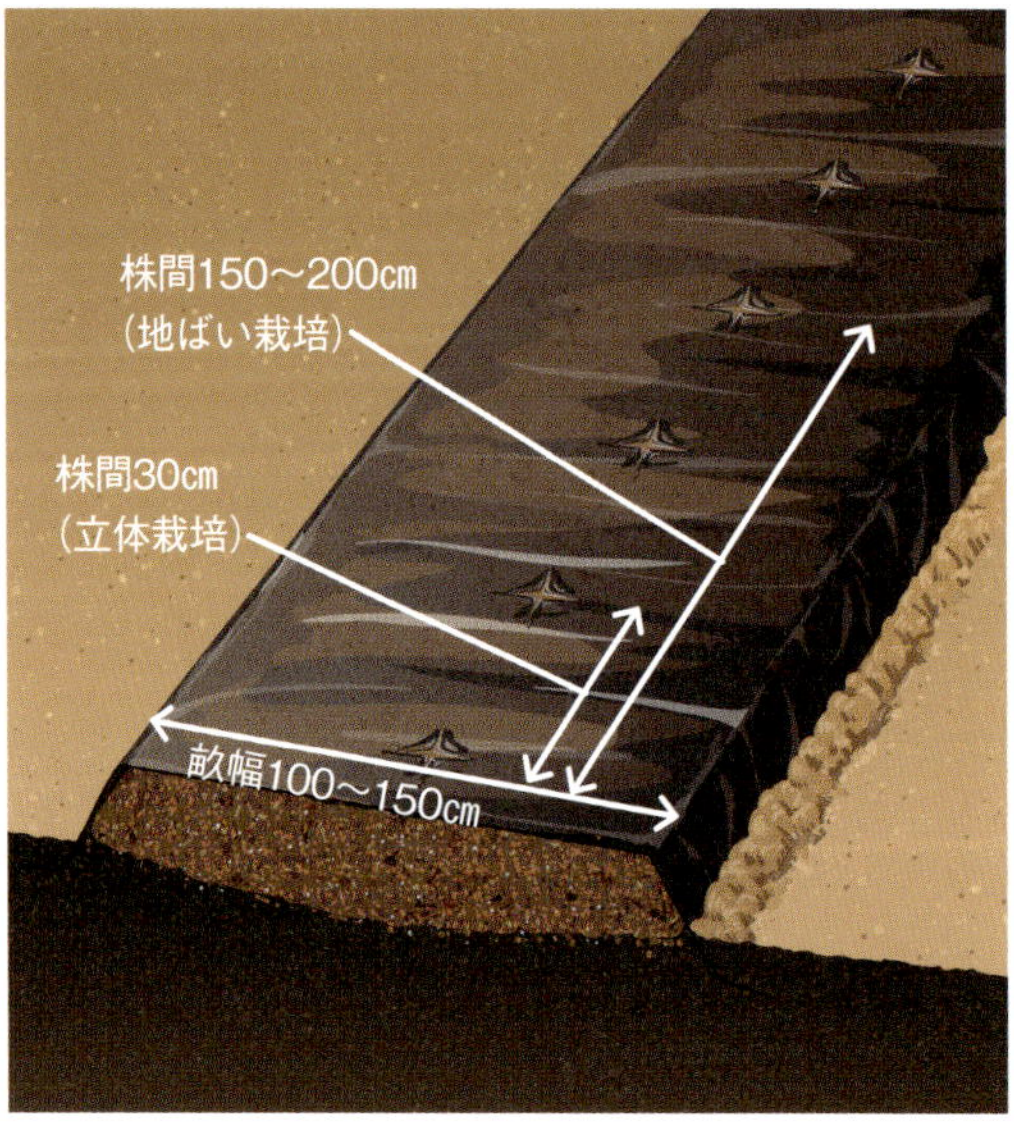

栽培データ

畝(地ばい仕立て／1条植え)
畝幅：100～150㎝
株間：150～200㎝
資材(地ばい仕立て)
ポリマルチ、わら
植えつけ時期
(一般地)5月上旬～6月上旬
(寒冷地)5月下旬～6月下旬
(温暖地)4月下旬～5月下旬

「鞍つき」が保湿に効果的

畝の中央に、1株ごとに「鞍つき」という円形の畝をつくってもよい。中央を少しくぼませると、少しの雨でも大きな灌水効果がある。

基本の仕立て 子づる2～3本仕立て

STEP 1 親づるを6～9節で摘芯し、子づる2～3本に整枝する

6～9節で親づるを摘芯し、子づるの伸びを促す。子づるが伸びてきたら、勢いのよいもの2～3本を選んで伸ばし、ほかはつけ根で切り取る。

STEP 2 つるを広げる

つるが伸びてきたら、均等に広げる。つるは放任してよいが、とくに混み合った所は孫づるを摘んだり、枯れた下葉を切り取ったりして、風通しと日当たりをよくする。熱によるつるや葉の傷みを防ぐため、ポリマルチの下にわらを敷いてもよい。

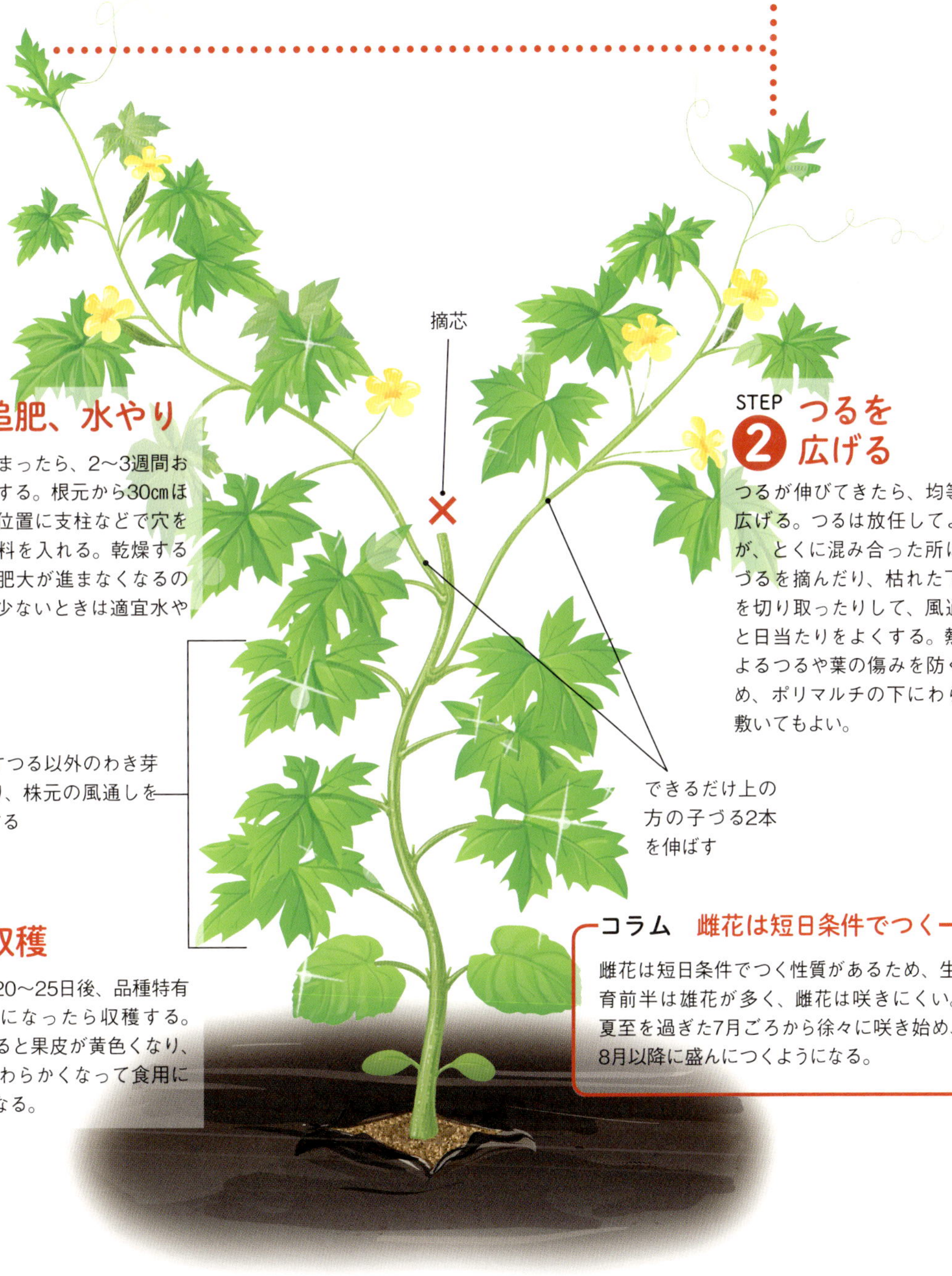

摘芯
できるだけ上の方の子づる2本を伸ばす
伸ばすつる以外のわき芽を取り、株元の風通しをよくする

STEP 3 人工授粉

生育前半の雌花は、雨天や低温などの悪条件下で咲くので、雌花が咲いた朝に人工授粉をするとよい。気温の上昇とともに訪花昆虫が受粉してくれるようになるので、自然に実がつくようになる。

STEP 4 追肥、水やり

収穫が始まったら、2～3週間おきに追肥する。根元から30㎝ほど離れた位置に支柱などで穴をあけて肥料を入れる。乾燥すると果実の肥大が進まなくなるので、雨が少ないときは適宜水やりする。

STEP 5 収穫

開花から20～25日後、品種特有の大きさになったら収穫する。とり遅れると果皮が黄色くなり、果肉がやわらかくなって食用に向かなくなる。

コラム 雌花は短日条件でつく

雌花は短日条件でつく性質があるため、生育前半は雄花が多く、雌花は咲きにくい。夏至を過ぎた7月ごろから徐々に咲き始め、8月以降に盛んにつくようになる。

裏ワザ アーチパイプの立体栽培

こう変わる！

- →立体栽培なので日当たりと風通しがよくなる
- →地ばい栽培より狭い面積でコンパクトに育てられる
- →アーチ形は荷重に強いので、ゴーヤーのつるをしっかり支えられる
- →子づるの発生を確認してから親づるを摘芯するので、失敗がない

栽培データ

畝
畝幅：100㎝
株間：100〜130㎝
資材
支柱、アーチパイプ、園芸用ネット、ポリマルチ、誘引用のひも

秋まで収穫が続くゴーヤーに向いた立体栽培です。

支柱を合掌に組むこともできますが、アーチパイプはより丈夫で風害に強く、台風シーズンも安心です。台風時は防虫ネットなどで覆えば、防風効果がアップします。

親づる、子づるの3本仕立てでも、基本の仕立てのように親づるを摘芯し、子づるを2〜3本伸ばしてもよいでしょう。

基本の仕立てにならう場合は、子づるが15〜20㎝になってから親づるを摘芯するのがポイント。子づるの発生を確認してから親づるを摘芯するので、元気のよい子づるを選びやすくなります。

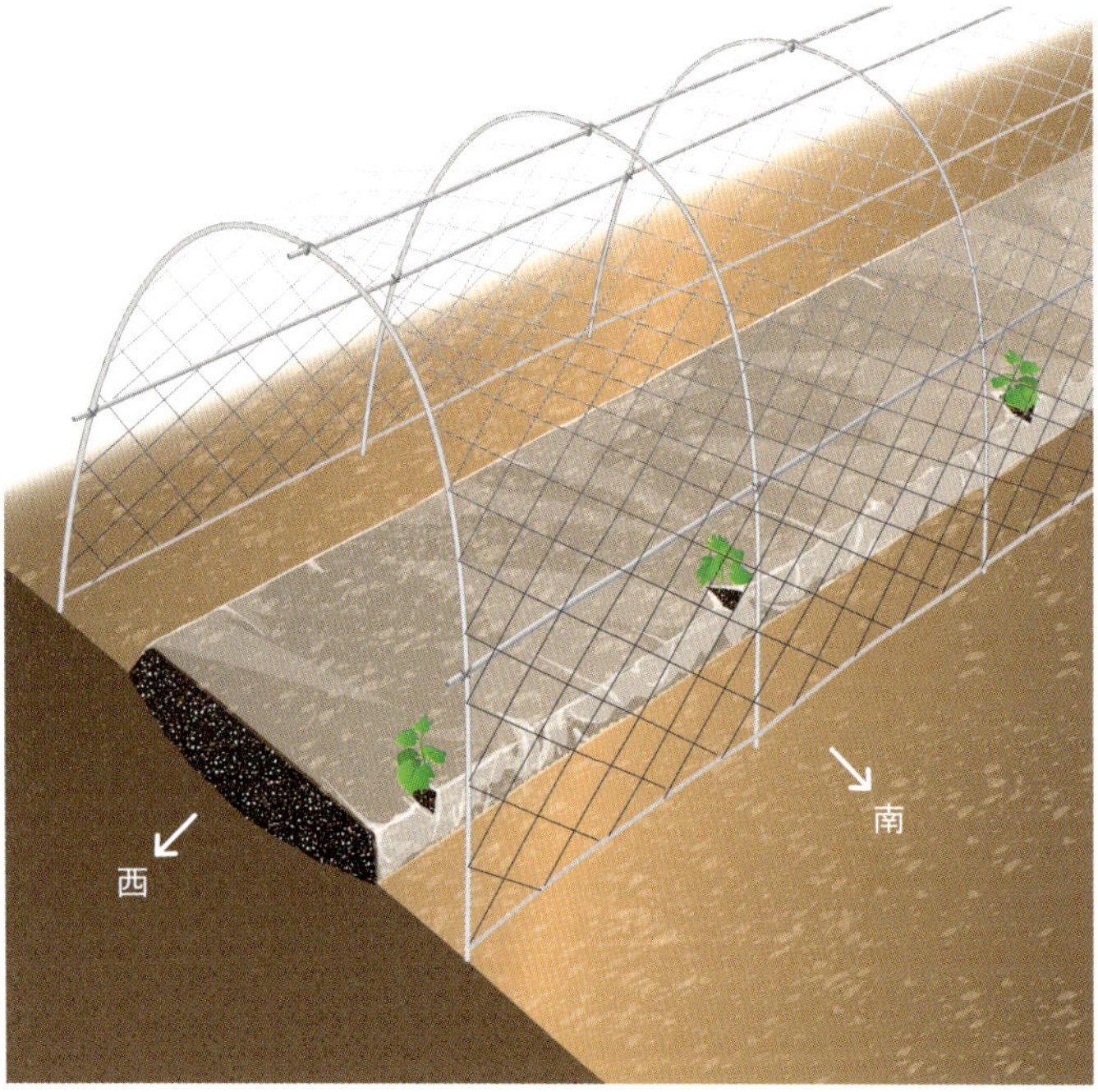

畝を東西方向に立て、南側に苗を植えつける

STEP 1 アーチパイプを立ててネットを張る

つるが伸びてきたらアーチパイプを立てる。天井や両サイドに支柱を渡してアーチ同士をつないで補強し、園芸用のネットを張る。生分解性ネットなら片づけやすい。

STEP 2 畝の南側に寄せて植える

日当たりを考慮して、畝を東西方向に立てる。アーチパイプに誘引しやすいように、畝の端の方へ植えつける。

STEP 4 つるを広げて誘引する

つるが均等に広がるように、初めのうちはネットにつるを誘引する。巻きひげが絡んではい上がっていくので、以降は誘引は不要。つるは放任する。

STEP 5 果実をアーチの内側に垂らす

果実が肥大し始めたら、パイプの内側に垂れるように誘引すると、果実の日焼けの予防になり、収穫時期もわかりやすくなる。

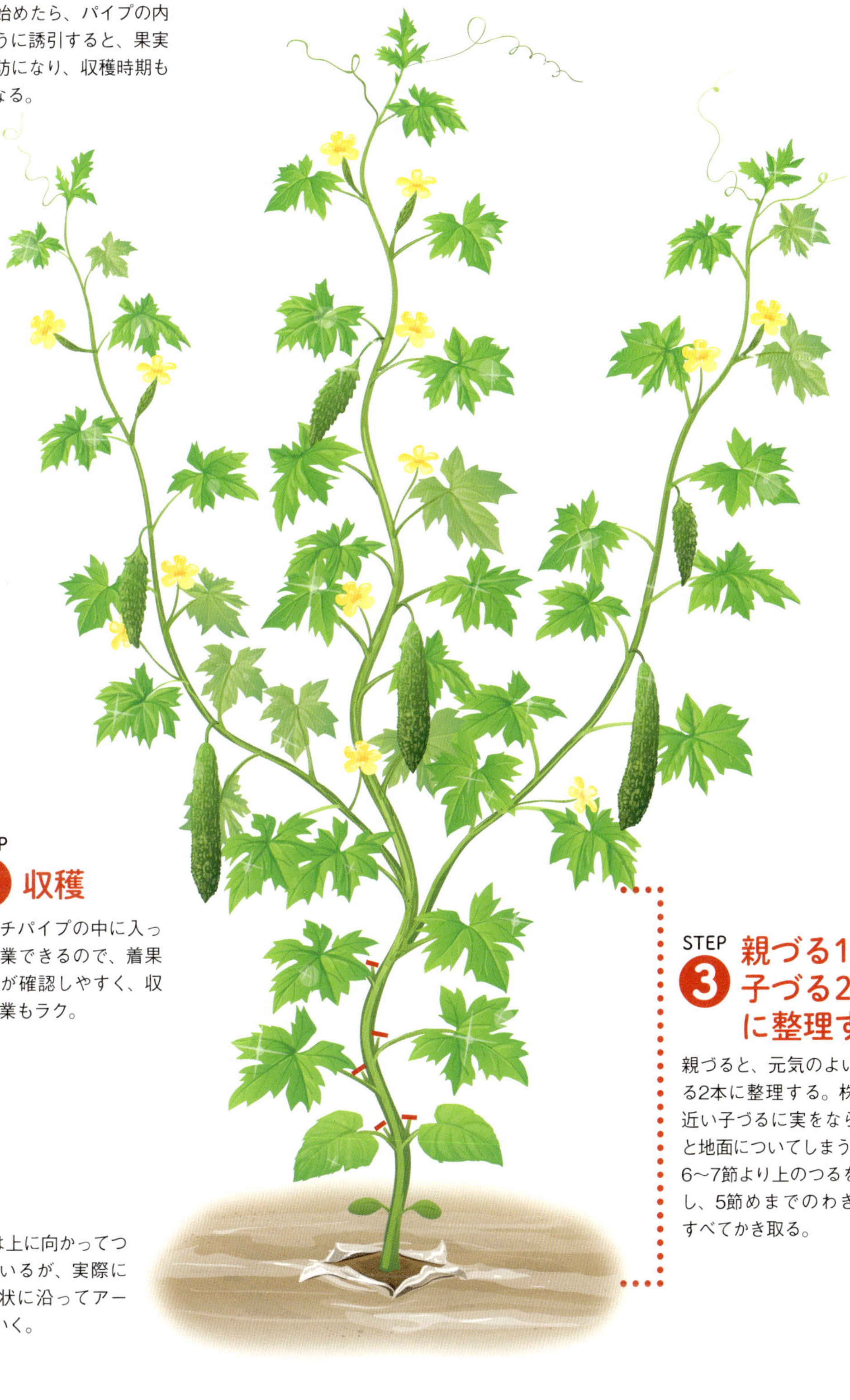

STEP 6 収穫

アーチパイプの中に入って作業できるので、着果状態が確認しやすく、収穫作業もラク。

STEP 3 親づる1本、子づる2本に整理する

親づると、元気のよい子づる2本に整理する。株元に近い子づるに実をならせると地面についてしまうので、6～7節より上のつるを伸ばし、5節めまでのわき芽はすべてかき取る。

※イラスト上では上に向かってつるが展開しているが、実際にはパイプの形状に沿ってアーチ形に伸びていく。

スイカ

スイカの雌花は、親づるよりも子づるのほうが低節位から咲くので、親づるを摘芯して子づるを伸ばす仕立て方が向いています。3～4本に整枝した子づるは、葉が重ならないように1方向に伸ばすか、四方に広げて全部の葉にたっぷりと日が当たるようにします。

ポイントは人工授粉です。花粉は気温、湿度などの影響を受けやすく、受粉させても着果しないことがあるので、5～6節ごとに咲く雌花に欠かさず人工授粉をします。各つるの2～3番めに咲く雌花に着果させるのが理想的ですが、念のため1番雌花にも人工授粉をしておきます。

収穫の目標は1株3個です。3本仕立ての場合は各つるに1個、4本仕立ての場合は勢いのない子づるについた実を摘み取り、3個にします。自然受粉で着果した実も摘果します。

基本の育てワザ

- 本葉が6～7枚になったら摘芯する
- 子づるを3～4本伸ばし、ほかは摘み取る
- 雌花が咲いたら、早朝に人工授粉をする
- 収穫の目標は1株3個、ほかは摘果する

栽培データ

畝(1条植え)
畝幅：200㎝　株間：200㎝
＊1株植えの場合は、スペースの中央に鞍つき(円形の畝)をつくって植えつける

資材
ポリマルチ、わら

植えつけ時期
(一般地)5月中旬～6月上旬
(寒冷地)6月上旬～6月中旬
(温暖地)5月上旬～5月下旬

STEP 1 本葉6～7枚のとき親づるを摘芯する

本葉6～7枚の頃、親づるを摘芯して子づるの発生を促す。

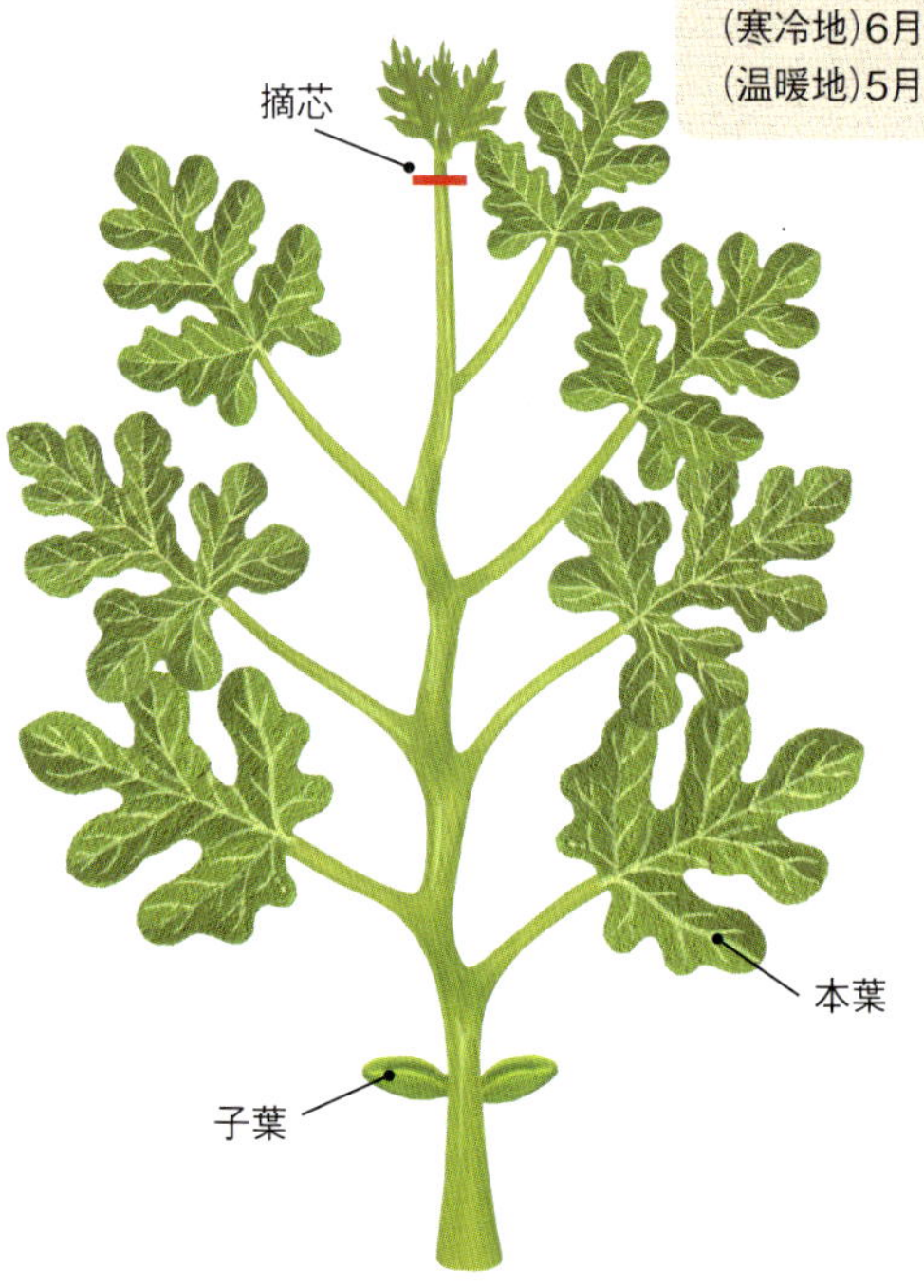

摘芯
本葉
子葉

STEP 2 子づる3～4本に整理する

子づるが30㎝ほどに伸びたら、勢いのよいもの3～4本を選び、1方向または四方に均等に広げる。ほかの子づるはつけ根から切り取る。

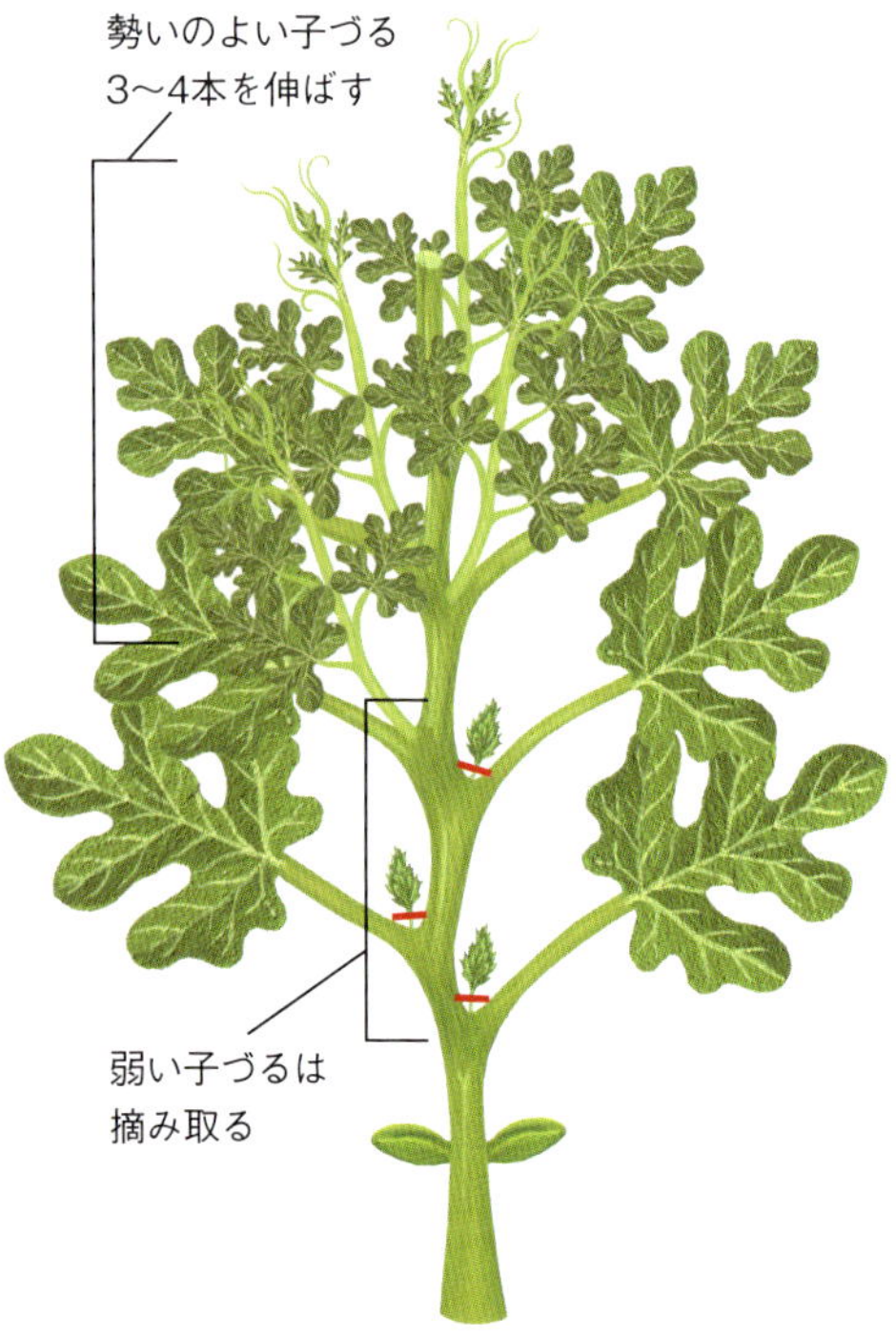

勢いのよい子づる
3～4本を伸ばす
弱い子づるは
摘み取る

基本の仕立て

子づる3〜4本仕立て

STEP 5 実が鶏卵大になったら追肥

もっとも生長の早い実が鶏卵大になったら、つるの先端辺りに追肥する。ただし、早い時期に肥料過多になると、つるぼけを起こして着果や果実の肥大が悪くなるので注意。

STEP 4 人工授粉で着果、本命は2〜3番雌花

雌花が開花したら、早朝に人工授粉をする。各つるの最初に咲く1番雌花は果皮が厚く空洞果になりやすいことから、着果させずに放置することが多いが、念のため1番雌花にも人工授粉を施す。2〜3番雌花に着果したことが確認できたら摘果するとよい。授粉日を記したラベルをつけておくと、収穫の目安になる。

STEP 6 各つる1個に摘果する

1株から3個の収穫が目安。果実がテニスボール大になったら、形が悪い、傷がついているなどの実を摘み取る。幼果の頃に細長い形のものは、生長すると大きく丸い形になるので、優先的に残す。

3番雌花
2番雌花
＊雌花はつけ根が膨らんでいる
1番雌花
親づるを摘芯し、子づるの発生を促す
つるや葉が泥で汚れると病気の原因になるので、つるが伸び始めたら株の下にわらを敷いて保護するとよい

STEP 3 着果節までの孫づるを摘み取る

着果節までの孫づるを摘み取る。着果後は放任し、混み合った所を適宜切る。

STEP 7 収穫

大玉スイカは授粉後40〜45日、小玉スイカは授粉後35〜40日がとりごろ。果実の反対側にある巻きひげが枯れる、果実をたたいたときに鈍い音がする、果皮に光沢が出る、なども収穫の目安といわれるが、実際に見分けるのは難しい。

裏ワザ 1 小玉スイカの立体仕立て

こう変わる！

→つるを立体的に伸ばすので、狭いスペースで作れる
→日当たりと風通しがよいうえ雨水の跳ね返りがないので、病気にかかりにくい
→つるや葉を踏んで傷めることがなく、立って作業ができる
→着果が確認しやすい

栽培データ

畝（1条植え）
畝幅：80㎝
株間：60㎝
資材
支柱（長さ210〜240㎝の支柱を上部で交差するように合掌式に立てる）
園芸用ネット、ポリマルチ、マイカ線、敷きわら、誘引用のひも

スイカもカボチャ同様に、支柱を使って立体で仕立てることができます。

立体栽培は、果実が軽い小玉スイカに適した栽培法です。親づるを摘芯して子づるを伸ばす仕立て方は基本のとおり。実がなると重くなるので支柱を頑丈に立て、ネットにつるをはわせると、株全体に日が当たって、風通しがよくなります。

小玉スイカは実のつきがよいので、子づる1本で1〜2個、株全体で4〜6個の収穫が目安です。

STEP 1 支柱を立ててネットを張る

支柱を合掌式に立てて、園芸用ネットを張る。株の重みがかかるので、横にも何本か支柱を渡して補強し、ネットを張る。つるが伸び始めたら、ネット全体に広げるように誘引する。

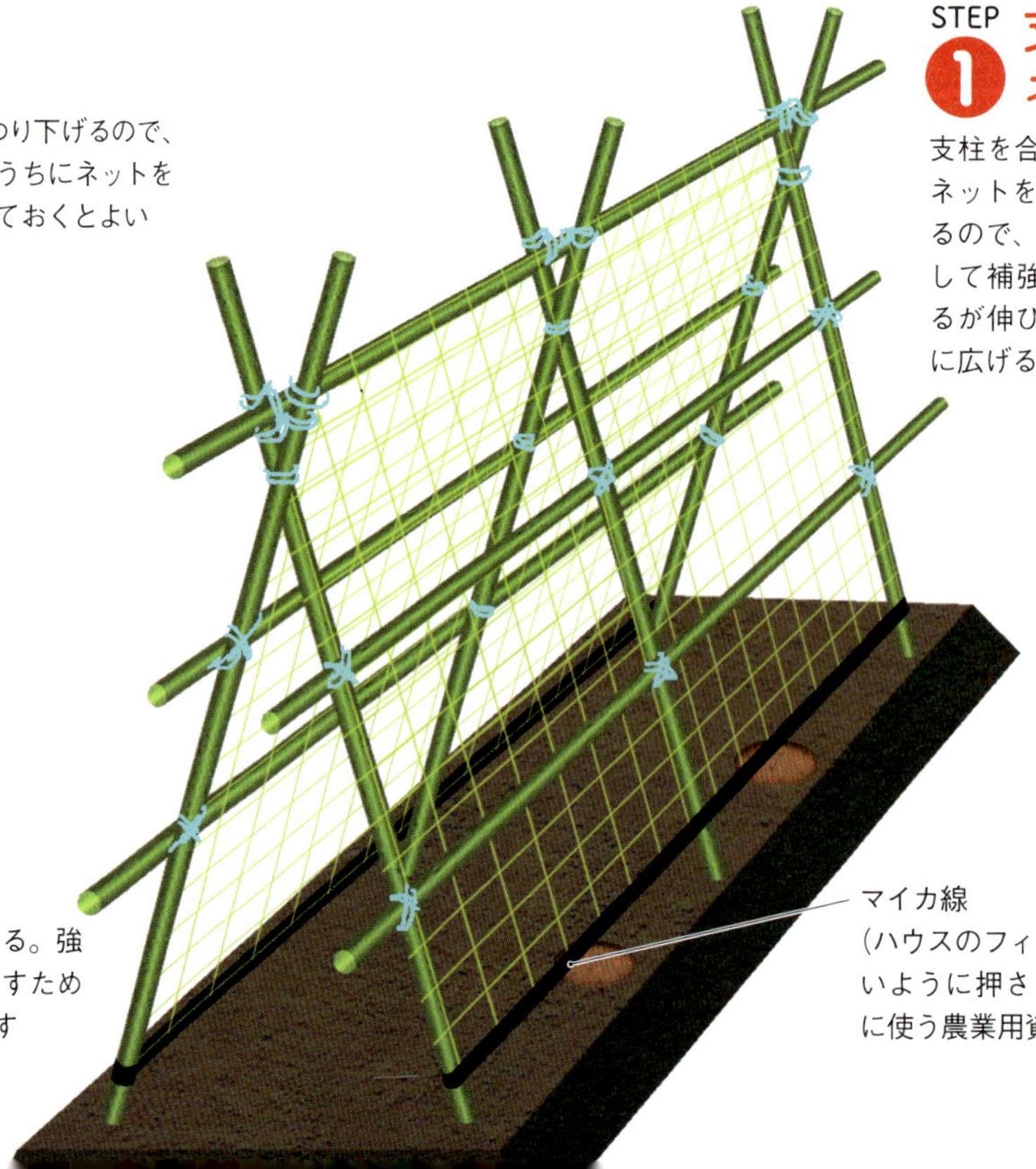
実は、ネットの内側につり下げるので、着果したら実が小さなうちにネットをくぐらせて内側に入れておくとよい
合掌式に支柱を立てる。強度を増し、実をつるすための支柱を2本横に通す
マイカ線
（ハウスのフィルムが飛ばないように押さえるときなどに使う農業用資材）

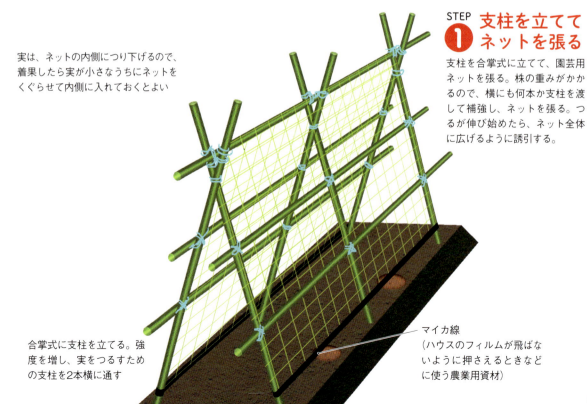

STEP
4 人工授粉で着果させ、ネットに入れてつるす

各つるの1〜3番雌花に人工授粉をする。1番雌花は着果してもよい実になりにくいので、2〜3番雌花が着果したら早めに摘果する。交配日を書いたラベルを近くにつけておくとよい。スイカのつるは細いので、実の肥大が始まったら野菜出荷用のネットなどに入れて支柱につるし、つるが折れないように保護する。ネットは鳥害の予防にもなる。

STEP
3 孫づるを管理し、子づるを支柱の反対側に垂らす

着果節までの孫づるは摘み取り、着果後に出た孫づるは放任する。子づるが支柱の高さを超えたら、支柱の反対側に垂らす。

STEP
5 摘果と摘芯

子づる1本で1〜2個、株全体で4〜6個が収穫目標。それ以上実がついたときは、形の悪いものや小さすぎるものを摘果する。

STEP
6 夏の管理

梅雨明けが近くなったら、乾燥防止のため株元にわらを敷く。

STEP
7 収穫

品種特有の収穫日数になったら収穫する。

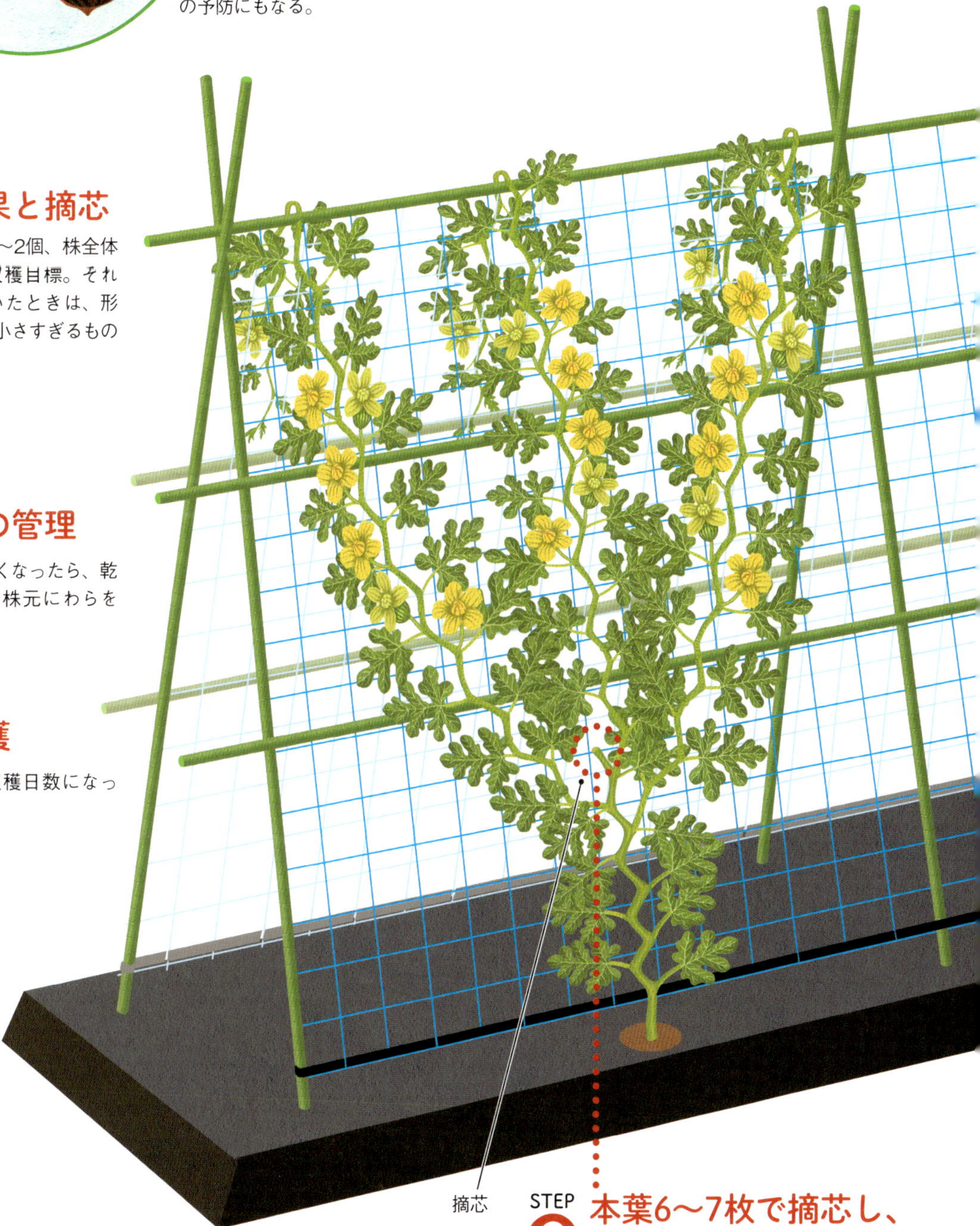

STEP
2 本葉6〜7枚で摘芯し、子づる3本に整枝する

基本の仕立て同様、本葉6〜7枚の頃に親づるを摘芯する。子づるが伸びてきたら、元気のよい3本を選んで伸ばし、ほかはつけ根から切り取る。

裏ワザ2 つる回し&切り戻し仕立て

こう変わる！

→通常の半分程度のスペースで育てられる
→つるの向きや先端の位置をそろえることで開花の位置がそろい、人工授粉などの作業がしやすくなる
→1回めの収穫後につるを切り戻すことで、2回めも質のよい果実がとれる

旺盛に伸びるスイカのつるを整理して省スペースで育てられることと、収穫後につるを切り戻す（切り詰める）ことで、2度収穫できることが特長の仕立て方です。

4本に仕立てた子づるを、株を中心に円を描くように配置します。

4本の子づるの先をそろえて並べると着果節の位置がそろうので、人工授粉などの管理がしやすくなります。

1回めの収穫後につるを切り戻すことで、栽培スペースを広げずに質のよい果実がふたたび収穫できます。

栽培データ

畝（4本仕立て）
畝幅：80cm　株間：80cm
資材
ポリマルチ、敷きわら

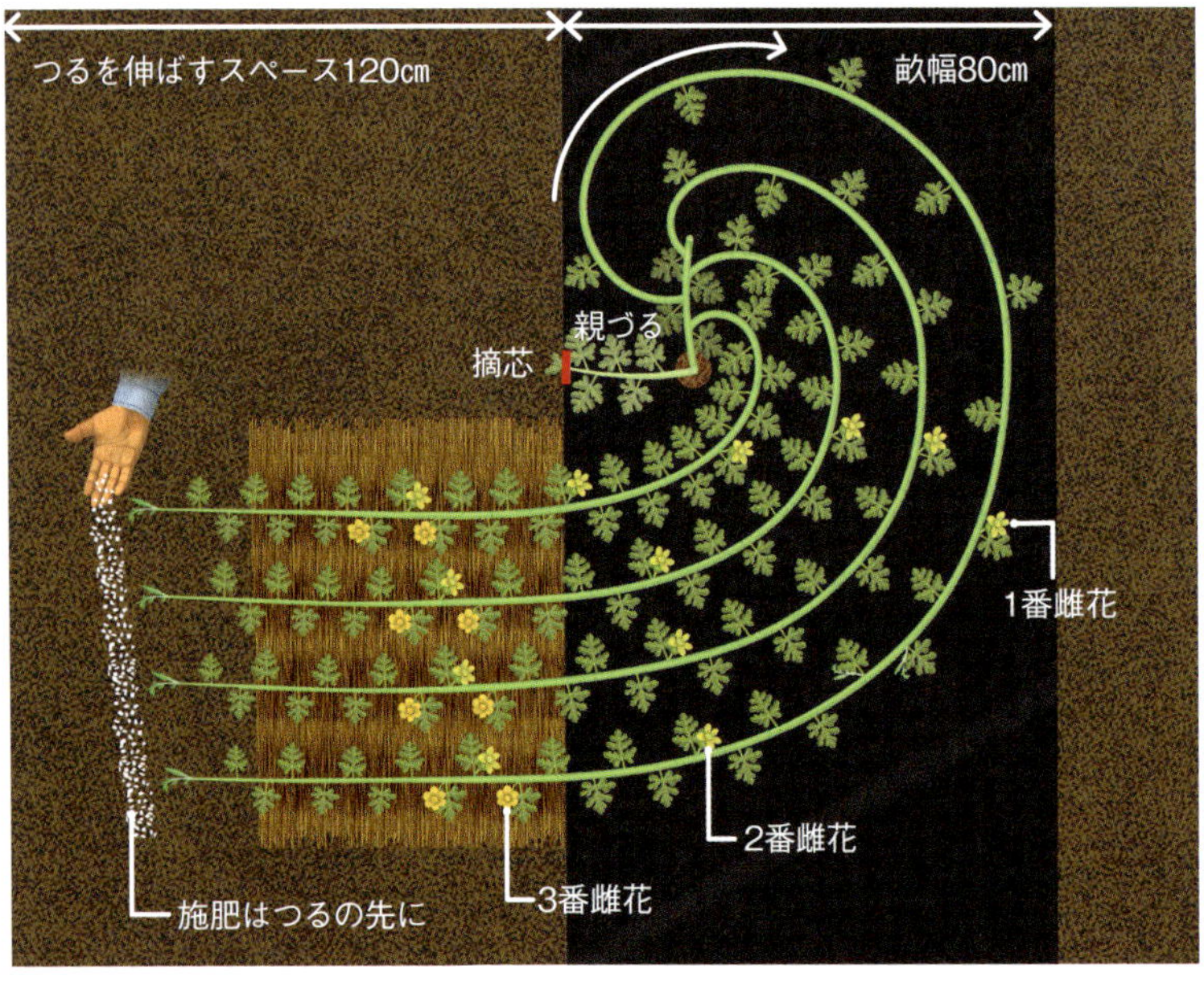

STEP 1 親づるを摘芯後、子づる4本に整枝する

基本の仕立ての整枝と同様、本葉6〜7枚のとき親づるを摘芯する。子づるが30cmほどに伸びたら、勢いのよいもの4本に整枝し、つる先を同じ方向に並べておく。

STEP 2 つる回し①

子づるが約1mになったら、4本のつるを引き戻して、半円を描くように回してつる先をそろえる。

STEP 3 つる回し②

着果させる予定の3番雌花のつぼみがアズキ大になるまでに、株元を中心に「の」の字を描くようにつるを配置する。幼果が傷むので、着果後のつる回しはしない。

STEP 4 孫づるの管理、人工授粉、敷きわら

着果節までの孫づるを摘み取る。各つるの3〜4番雌花に人工授粉し、着果後の孫づるは放任する。果実のまわりを中心に、株の下にわらを敷く。

STEP 5 摘果、追肥、1回めの収穫

第1果が鶏卵大になったら、つるの先に追肥する。果実がテニスボール大になったら、1株当たり大玉は2個、小玉は3個に摘果する。品種ごとの登熟期間で収穫する。

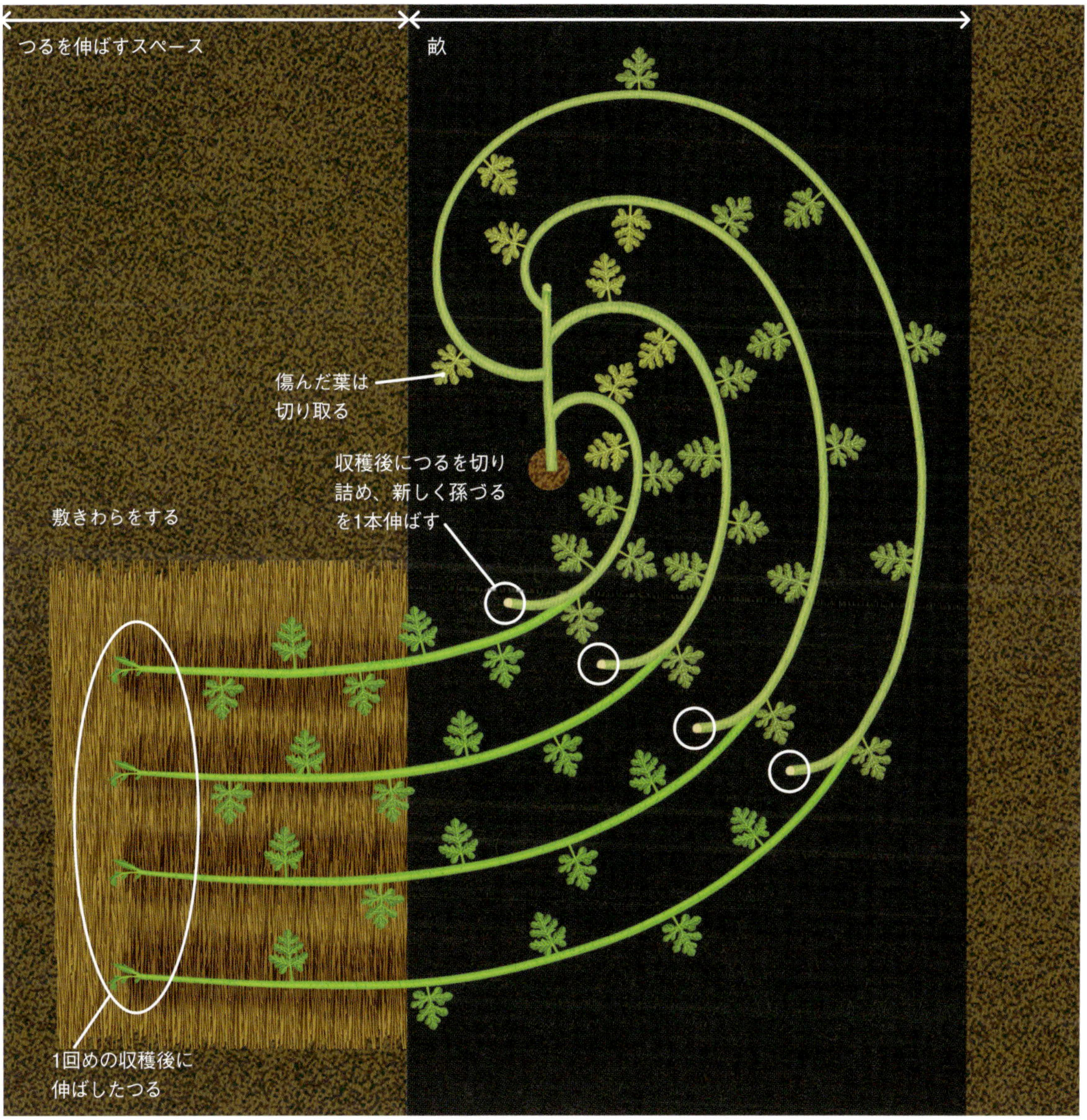
つるを伸ばすスペース
畝
傷んだ葉は切り取る
収穫後につるを切り詰め、新しく孫づるを1本伸ばす
敷きわらをする
1回めの収穫後に伸ばしたつる

STEP 6 切り戻し、追肥

1回めの収穫後、4本の子づるを株元から50cmの所で切り戻し、つるが伸びるスペースに追肥する。株元近くの葉が傷んでいたら切り取ってすっきりさせる。

STEP 7 つる回し③

新しく伸びた孫づるの中から、元気のよいものを選んで4本に整枝する。着果予定の1～2番雌花(おおむね5～12節)が咲く前につるを引き戻して、ふたたび「の」の字を描くように配置する。

STEP 8 人工授粉、摘果、2回めの収穫

孫づるの1～2番雌花が開花したら人工授粉で着果させる。その後の敷きわら、追肥、摘果、収穫などの手順は1回めと同じ。

コラム　つる先で生育判断

つるの先で草勢が判断できる。つる先が軽く上を向いていれば順調。つるが太く、先端が鎌首を持ち上げたように立ち上がっているのは窒素肥料過多のサイン。つるが細く地面に寝ているのは肥料不足なので、すぐに追肥を。

メロン

家庭菜園で比較的作りやすいのは、マクワウリとの交配で生まれた露地メロンです。そのなかでとくに人気が高い、果実の表面にネットが張るタイプの仕立て方を紹介します。

メロンは高温で乾燥した環境を好むので、畝にポリマルチを敷いて地温を上げたうえで植えつけ、換気用の穴のあいたポリフィルムをトンネル状に掛けて保温し、初期生育をよくします。

仕立ての基本は、着果習性に沿った整枝です。雌花は子づるや孫づるの1節めにつくので、親づるを摘芯して子づるを伸ばします。着果節位までの孫づるの摘除、着果後の子づるや孫づるの管理を適切にします。また、「遊びづる」を伸ばすことで、生長点が確保されるので根の生育がよくなり、収穫まで草勢を維持することができます。

基本の育てワザ

- ポリマルチを敷いて植えつけ、トンネルを掛けて保温する
- 本葉4~5枚で摘芯し、子づる2本に整枝する
- 11~15節に咲く雌花に人工授粉をする
- 鶏卵大のときに、1つる2個に摘果する

STEP 1 トンネル掛けで保温する

植えつけ後、ポリフィルムをトンネル状に掛けて保温する。

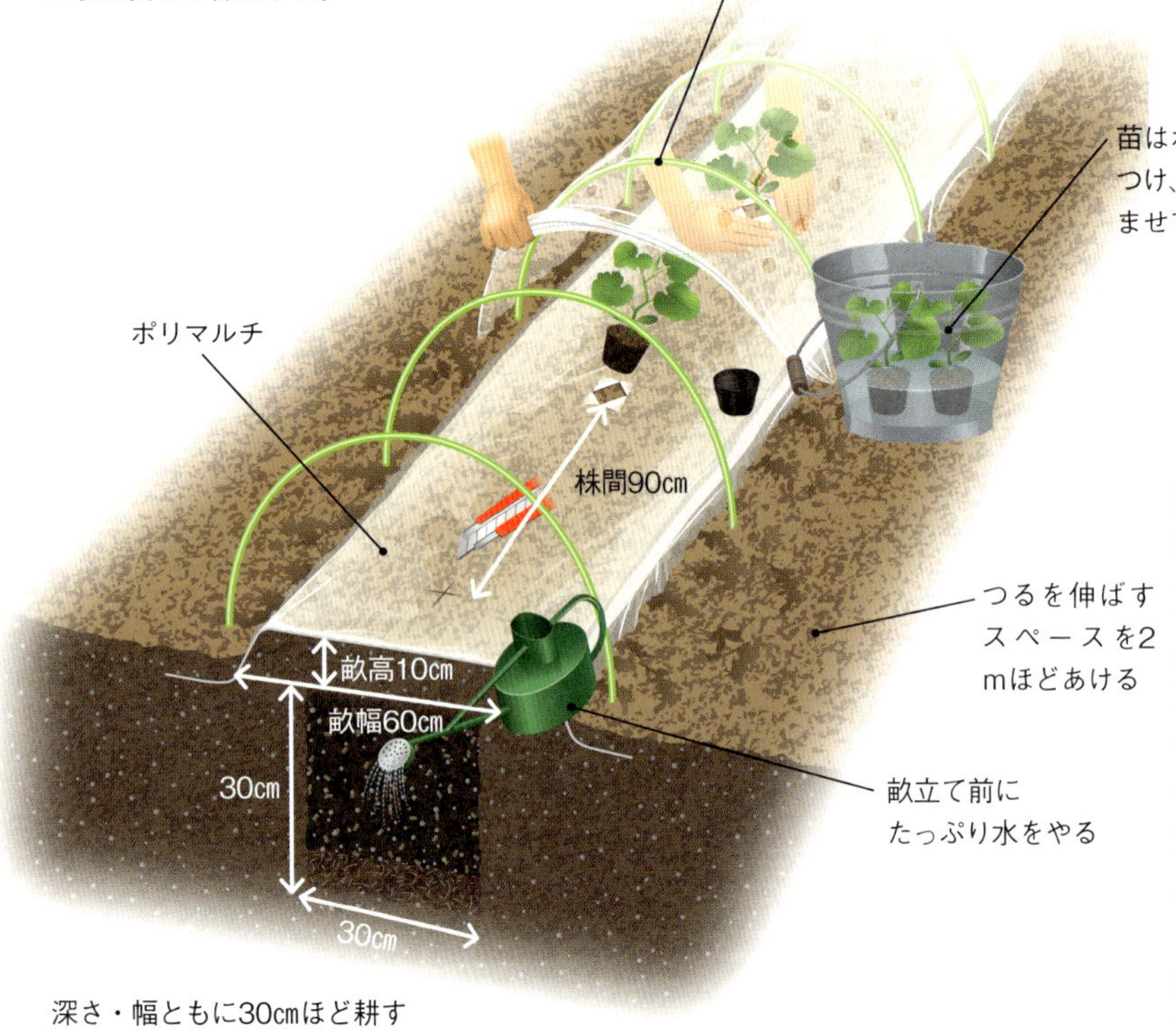

トンネル用フィルム
苗はポットごと水につけ、根鉢に水を含ませて植える
ポリマルチ
株間90cm
つるを伸ばすスペースを2mほどあける
畝高10cm
畝幅60cm
30cm
30cm
畝立て前にたっぷり水をやる
深さ・幅ともに30cmほど耕す

栽培データ

畝(1条植え)
畝幅60cm　株間：90cm
＊1株植えの場合は、スペースの中央に鞍つきをつくって植えつける

資材
ポリマルチ、トンネル用フィルム、トンネル用支柱、敷きわら

植えつけ時期
(一般地)5月中旬~5月下旬
(寒冷地)5月下旬~6月上旬
(温暖地)5月上旬~5月中旬

基本の仕立て

子づる2本仕立て

STEP 5 子づるの摘芯と孫づるの管理

各つるの11～15節につく雌花に交配する予定で、つるを管理する。交配の2～3日前に、子づるの先端を25節前後で摘芯し、着果節より下の孫づるを摘み取る。子づるの先端から伸びる孫づるの中から3本を選んで草勢を維持するための遊びづるとして残し、ほかはつけ根から摘み取る。

STEP 2 本葉4～5枚で摘芯する

本葉4～5枚のときに親づるを摘芯し、子づるを伸ばす。

STEP 3 子づるを2本伸ばす

勢いがよくてそろいのよい子づるを2本伸ばし、ほかを切り取る。着果節までの孫づるを摘み取り、雌花の充実を促す。

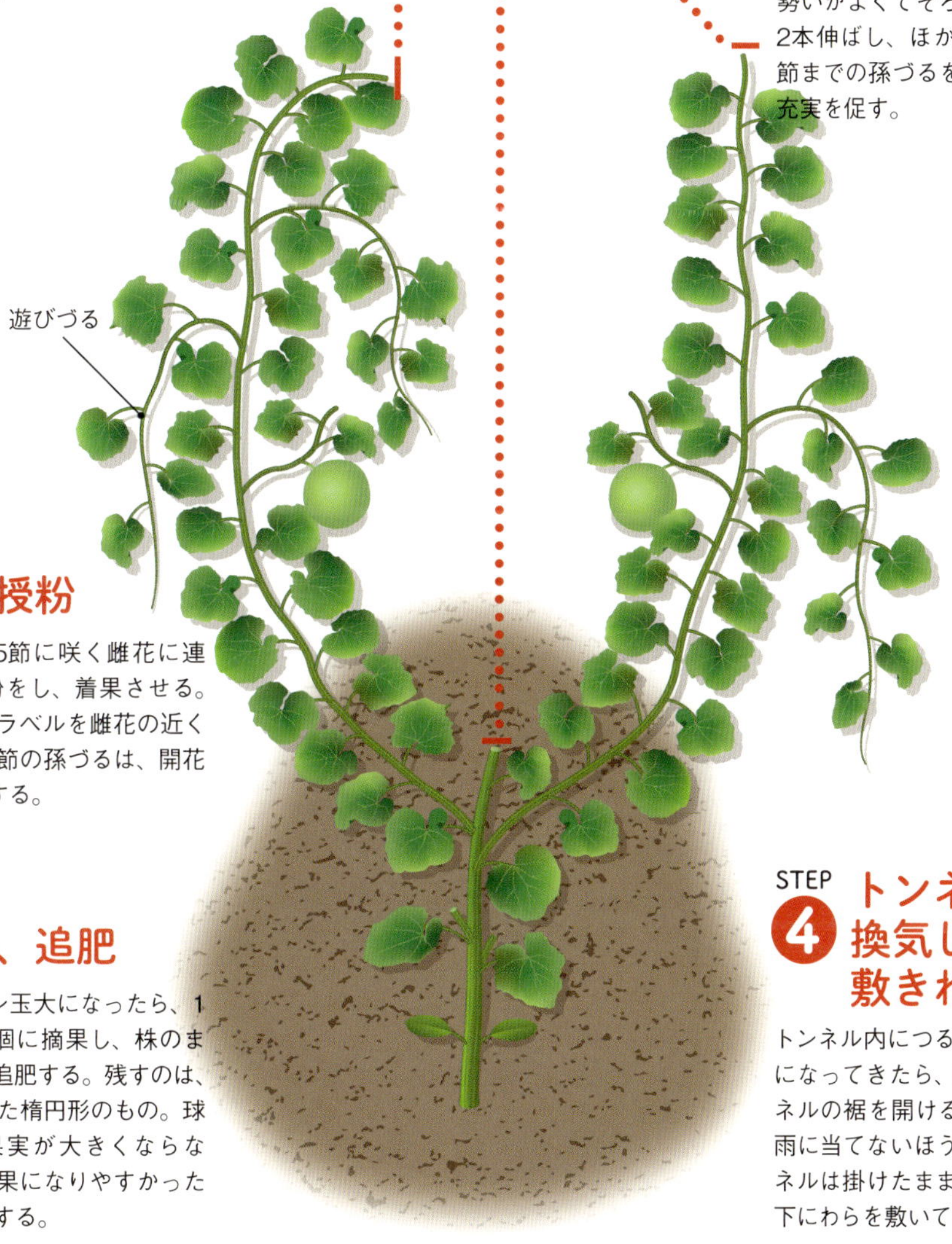

STEP 6 人工授粉

各つるの11～15節に咲く雌花に連続して人工授粉をし、着果させる。授粉日を記したラベルを雌花の近くにつける。着果節の孫づるは、開花前に2節で摘芯する。

STEP 7 摘果、追肥

第1果がピンポン玉大になったら、1つる2個、1株4個に摘果し、株のまわりか畝の肩に追肥する。残すのは、やや丸みを帯びた楕円形のもの。球形のものは、果実が大きくならなかったり、空洞果になりやすかったりするので摘果する。

STEP 4 トンネル内を換気し、敷きわらをする

トンネル内につるが伸びていっぱいになってきたら、換気のためにトンネルの裾を開ける。ネットメロンは雨に当てないほうがよいので、トンネルは掛けたままに。同時に、株の下にわらを敷いてつるを広げる。

STEP 8 収穫

交配日から数えて、品種に合った収穫時期を目安に収穫する。収穫直後は果肉がかたいので、常温で数日おいて追熟させ、尻部がやわらかくなってきたら食べごろ。

コラム　マクワウリの仕立て方

マクワウリはメロンに比べて病気に強く、トンネル被覆も不要で作りやすい。本葉5～6枚で摘芯し、子づるを3本伸ばす。着果節までの孫づるを摘み取り、子づるは15～20節で摘芯。着果後は孫づるの葉を2枚残して摘芯する。果実がピンポン玉大になったら、各つる2～3個を残して摘果する。

裏ワザ

雨よけ立体仕立て

こう変わる！

→雨よけハウスで栽培すれば雨水の跳ね返りがなく、病気の予防になる
→支柱につるを誘引するので、狭いスペースでも栽培できる
→親づる、子づるが見分けやすく、葉も数えやすいので、整枝作業がラク

メロンは雨に弱く、病気にもかかりやすいので、家庭菜園上級者向けの野菜です。挑戦するのであれば、雨を避けられるハウス栽培が最適です。

基本は親づるの1本仕立てで、支柱を立ててつるを誘引します。11〜15節から出る子づるに咲く雌花に連続着果させ、後によいものを残して摘果します。

栽培には、病気に強いハウスメロンなどの露地メロン系の品種が向いています。

栽培データ

畝（2条植え）
畝幅：60〜70㎝
株間：60㎝
条間：45㎝
資材
支柱（長さ210㎝の支柱）
雨よけハウス（パイプ、雨よけフィルム、パッカーなど）、ポリマルチ、誘引用のひも

STEP 1 雨よけハウスに苗を植えつける

ポリマルチを張り、支柱を立てて苗を植えつける。地ばい栽培よりも株間が狭くてすむので、多くの株が育てられる。

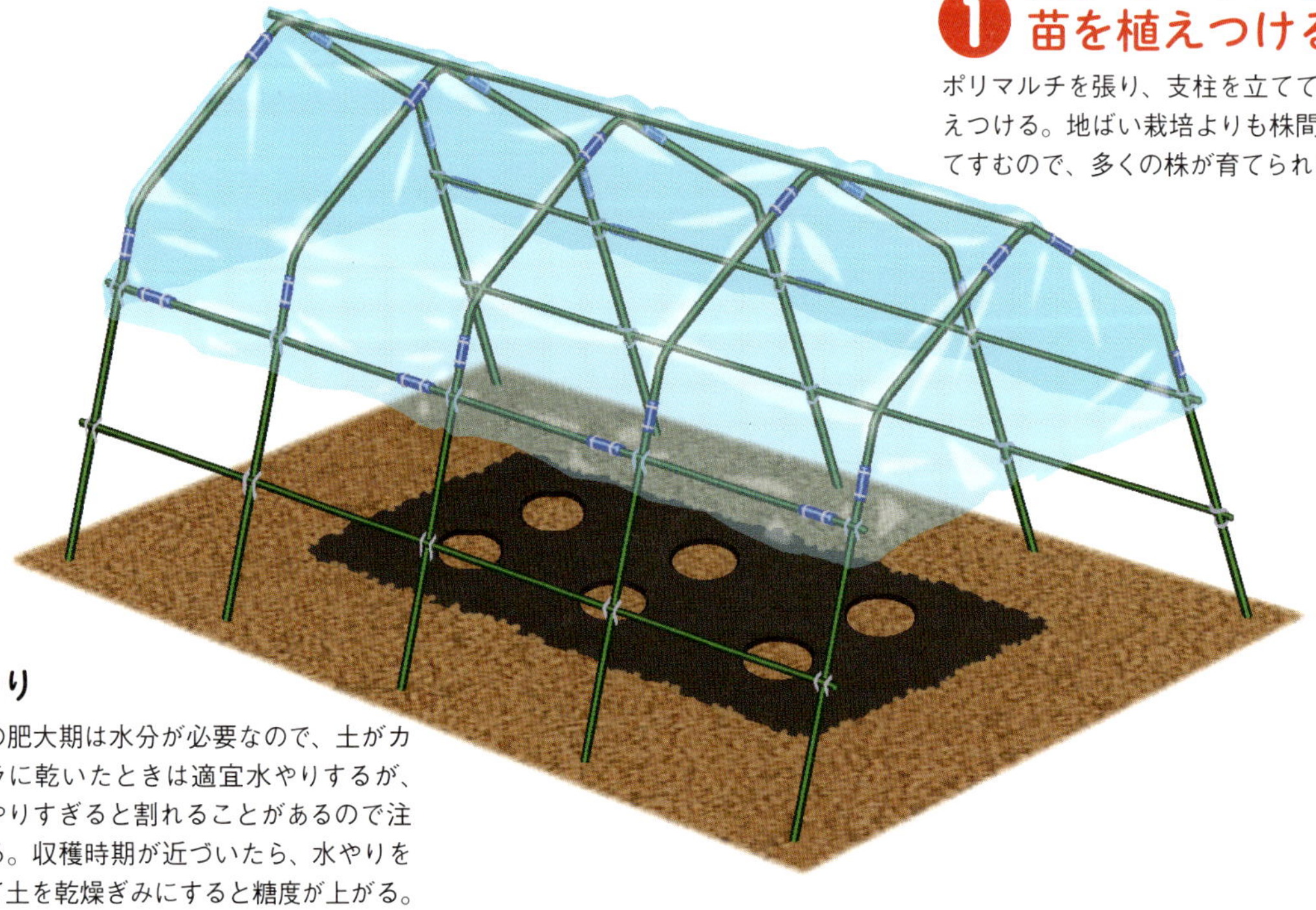

水やり

果実の肥大期は水分が必要なので、土がカラカラに乾いたときは適宜水やりするが、水をやりすぎると割れることがあるので注意する。収穫時期が近づいたら、水やりを控えて土を乾燥ぎみにすると糖度が上がる。

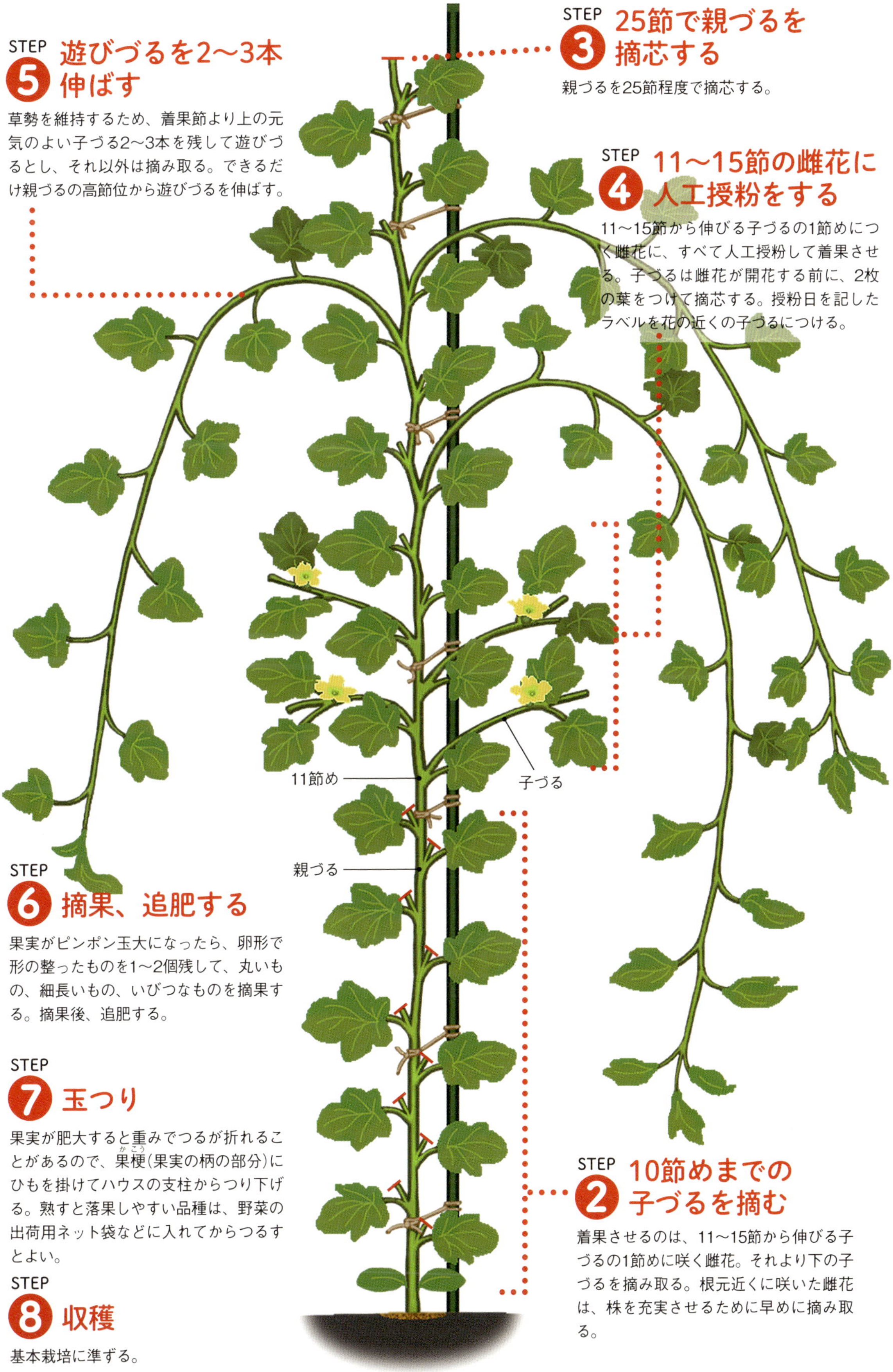

STEP
❷ 10節めまでの子づるを摘む

着果させるのは、11～15節から伸びる子づるの1節めに咲く雌花。それより下の子づるを摘み取る。根元近くに咲いた雌花は、株を充実させるために早めに摘み取る。

STEP
❸ 25節で親づるを摘芯する

親づるを25節程度で摘芯する。

STEP
❹ 11～15節の雌花に人工授粉をする

11～15節から伸びる子づるの1節めにつく雌花に、すべて人工授粉して着果させる。子づるは雌花が開花する前に、2枚の葉をつけて摘芯する。授粉日を記したラベルを花の近くの子づるにつける。

STEP
❺ 遊びづるを2～3本伸ばす

草勢を維持するため、着果節より上の元気のよい子づる2～3本を残して遊びづるとし、それ以外は摘み取る。できるだけ親づるの高節位から遊びづるを伸ばす。

STEP
❻ 摘果、追肥する

果実がピンポン玉大になったら、卵形で形の整ったものを1～2個残して、丸いもの、細長いもの、いびつなものを摘果する。摘果後、追肥する。

STEP
❼ 玉つり

果実が肥大すると重みでつるが折れることがあるので、果《か》梗《こう》(果実の柄の部分)にひもを掛けてハウスの支柱からつり下げる。熟すと落果しやすい品種は、野菜の出荷用ネット袋などに入れてからつるすとよい。

STEP
❽ 収穫

基本栽培に準ずる。

イチゴ

栽培期間は長いものの、ほとんど手がかかりません。ポイントは、植えつけ時と、開花に備えた春先の準備だけ。冬季は冬眠するので大きな変化はありません。

植えつけ時のキーワードは、ランナーとクラウンです。購入したイチゴ苗の根元には、ランナーと呼ばれる短い茎が出ています。ランナーの反対側に花房が出る性質があるので、2条植えの場合はランナーを内側に向けて植えると、実が外側について収穫作業がしやすくなります。また、根元のクラウンと呼ばれる部分には生長点があるので、クラウンを埋めないように浅く植えつけます。

2月下旬ごろ、株の中心から新しい葉が伸び始める頃、地温を上げるためにポリマルチを敷きます。実がつき始めたら、実を保護するためにわらを敷きます。

基本の育てワザ

- ランナーの切れ端を内側に向け、クラウンを埋めないように植えつける
- 春先に追肥して、ポリマルチを張る
- 果実の傷みを防ぐため、株元にわらを敷く
- 収穫が終わるまで、株元から伸びるランナーを摘み取る

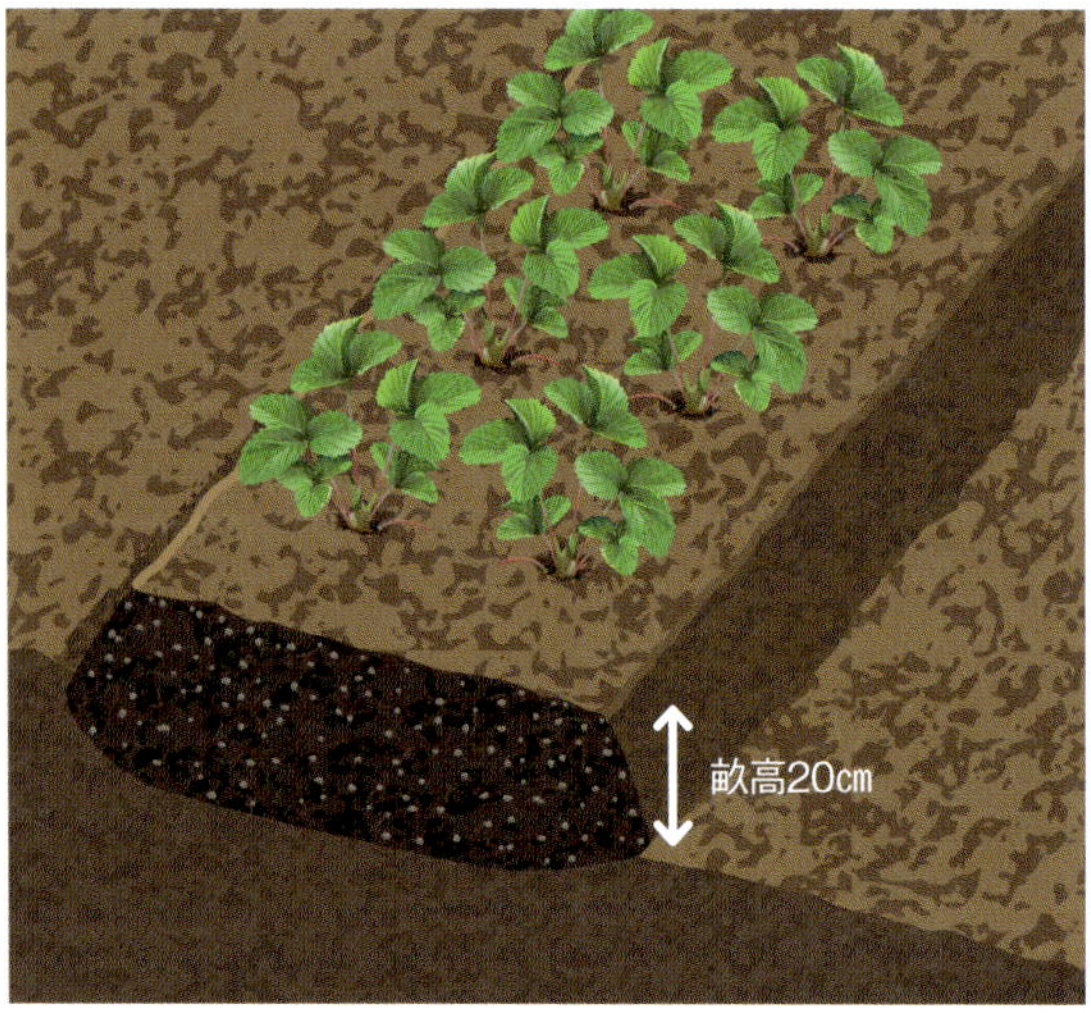

よい苗

本葉5～6枚で、クラウンが太くてがっちりしているもの。

STEP 1 ランナーの切れ端を内側に向けて浅く植える

2条植えの場合は、ランナーの切れ端を内側に向け、クラウンが見えるように浅めに植えつける。

STEP 2 冬の管理

冬季は休眠するので、病気予防のために枯れ葉を摘み取り、畝を除草する程度で、ほとんど作業はない。乾燥に弱いので、土が乾いたら適宜水やりする。

栽培データ

畝(2条植え)
畝幅：70㎝　株間：30㎝
条間：30㎝

資材
ポリマルチ、敷きわら

植えつけ時期
(一般地)10月中旬～11月上旬
(寒冷地)9月中旬～10月上旬
(温暖地)10月下旬～11月中旬

高畝栽培

実がつき始めたら、実が汚れないように畝の両わきにわらを敷いてもよい

STEP
3 春先に追肥する

休眠から覚めた春先、マルチを張る前に株のまわりに追肥して中耕し、畝をつくり直す。

STEP
4 マルチを張る

畝の上にマルチを張り、苗の真上をカッターで穴をあけて苗を外に出す。マルチは、雑草予防のための黒色かアブラムシ忌避効果のある黒色銀線入りや銀色などが向く。

STEP
5 人工授粉をする

気温が低く、訪花昆虫が少ないときは、花が咲いたらやわらかい筆などで花の中心を軽くなでて人工授粉をする。

STEP
6 支柱を立て、ひもを張る

畝のわきに1mおきに短い支柱を立て、株を囲むように高さ30cmの所にひもを張る。

STEP
7 果房をひもに掛ける

果房を引き出して、ひもに引っ掛けるように垂らす。果房の先が地面に触れないようにする。

STEP
8 ランナーを摘み取る

ランナーが伸びてきたら、実に養分を回すためにつけ根から切り取る。実が赤く色づいたら、収穫する。

裏ワザ 1 ハンモック仕立て

こう変わる!

→寒冷紗で受け止めるので、傷みのないきれいな実が収穫できる
→実の位置が高くなるので収穫作業がしやすく、見逃しもない
→ハンモックは身近な農業資材で手作りでき、繰り返し使える

栽培データ

畝(2条植え)
畝幅:70cm　株間:30cm
条間:30cm
資材
ポリマルチ、寒冷紗、支柱、マルチ固定具、クリップ

実が地面に触れて傷んだり、ナメクジ害を受けやすいイチゴにぴったりなのが、ハンモック仕立てです。実がやわらかく傷みやすいという難点を克服したのが、花房の下に張った寒冷紗で実を受け止めるアイデアです。

寒冷紗を畝から少し浮かせるように設置するのがポイント。寒冷紗の下は風通しがよく、株の生育も良好。ナメクジなどの食害が激減し、日焼けや傷みのない、きれいな実ができます。

春に開花するまでの管理は基本の仕立てと同じです。

STEP 1 春に追肥してマルチを張る

春先に休眠から覚めたら、株のまわりに追肥し、ポリマルチを張ってから株を引き出す。

STEP 2 寒冷紗に穴をあけて株を引き出す

畝に寒冷紗をかぶせ、株の真上に穴をあけて株を引き出す。

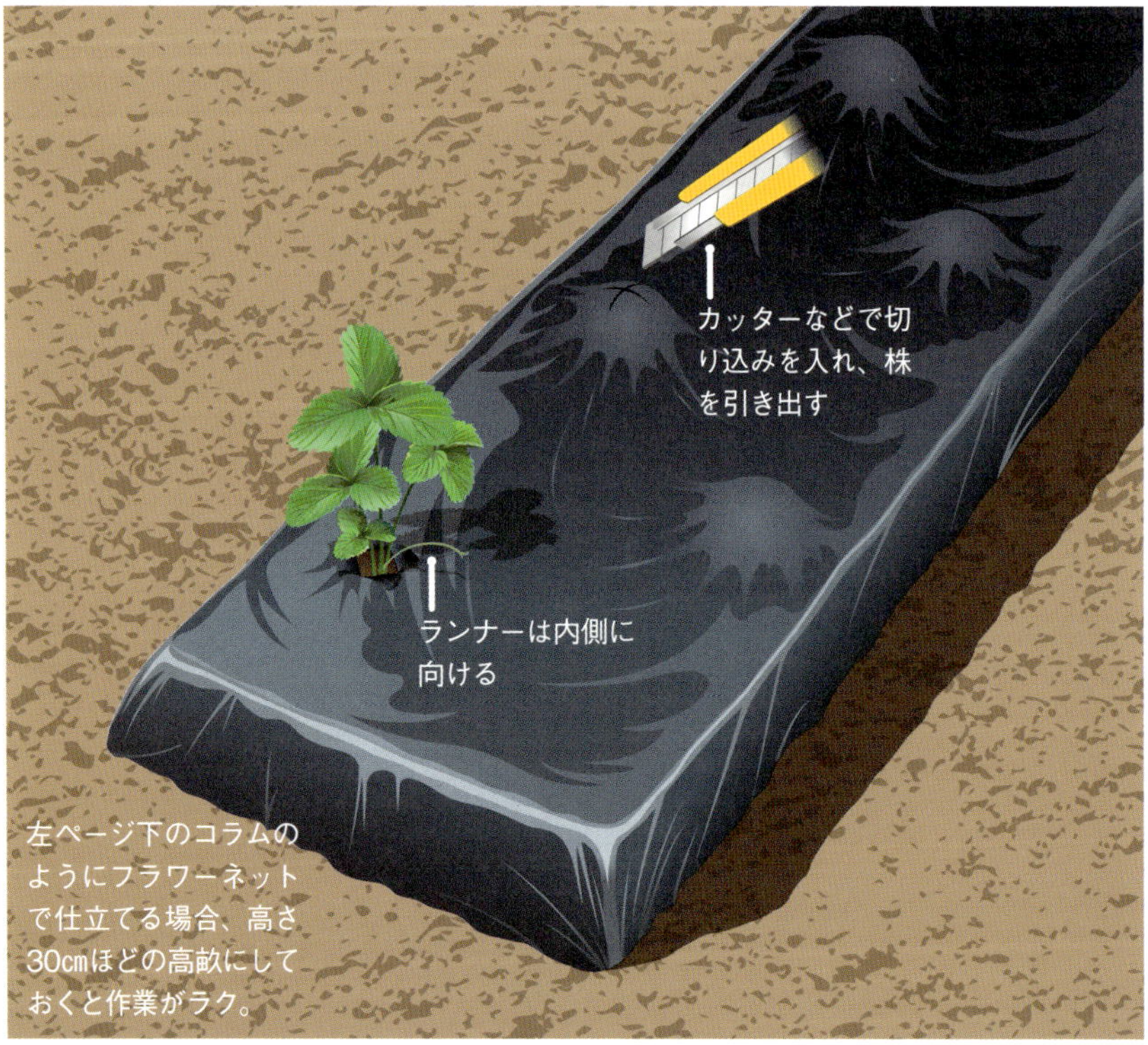

カッターなどで切り込みを入れ、株を引き出す
ランナーは内側に向ける
左ページ下のコラムのようにフラワーネットで仕立てる場合、高さ30cmほどの高畝にしておくと作業がラク。

STEP 4 マルチ固定具で支柱を固定する

支柱を地上から10〜15㎝の高さに固定するため、マルチ固定具のピンと押さえ板の間に支柱を挟み、ピンの脚を広げて土に差す。

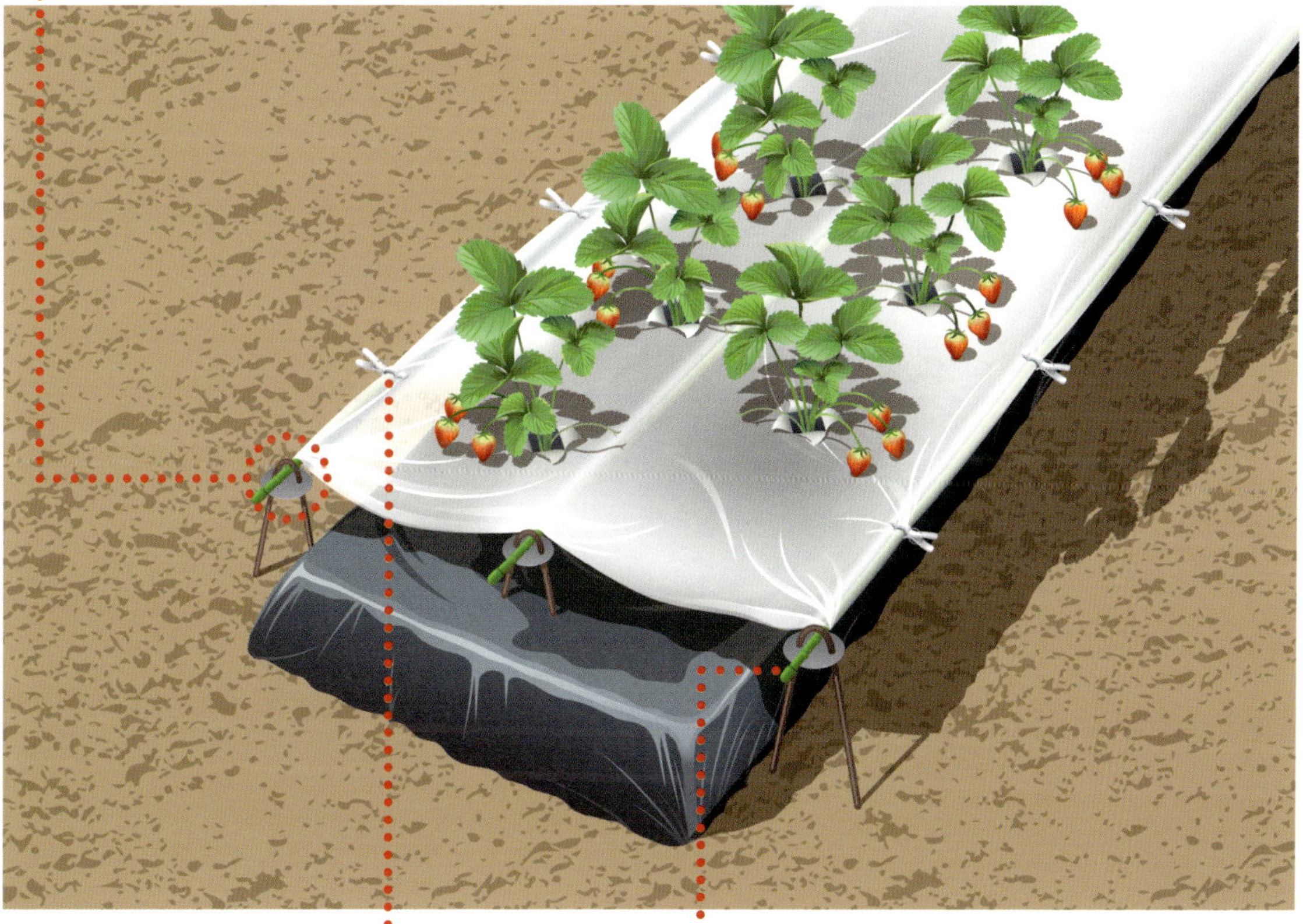

STEP 5 寒冷紗を張り、クリップで留める

ぴんと張った寒冷紗の両端を、クリップで支柱に留める。実が赤く色づいたら、収穫する。

STEP 3 寒冷紗の下に支柱を渡す

畝の長さと同じくらいの支柱3本を、畝の両側と中央に通す。

コラム　フラワーネット＋高畝で育てる場合

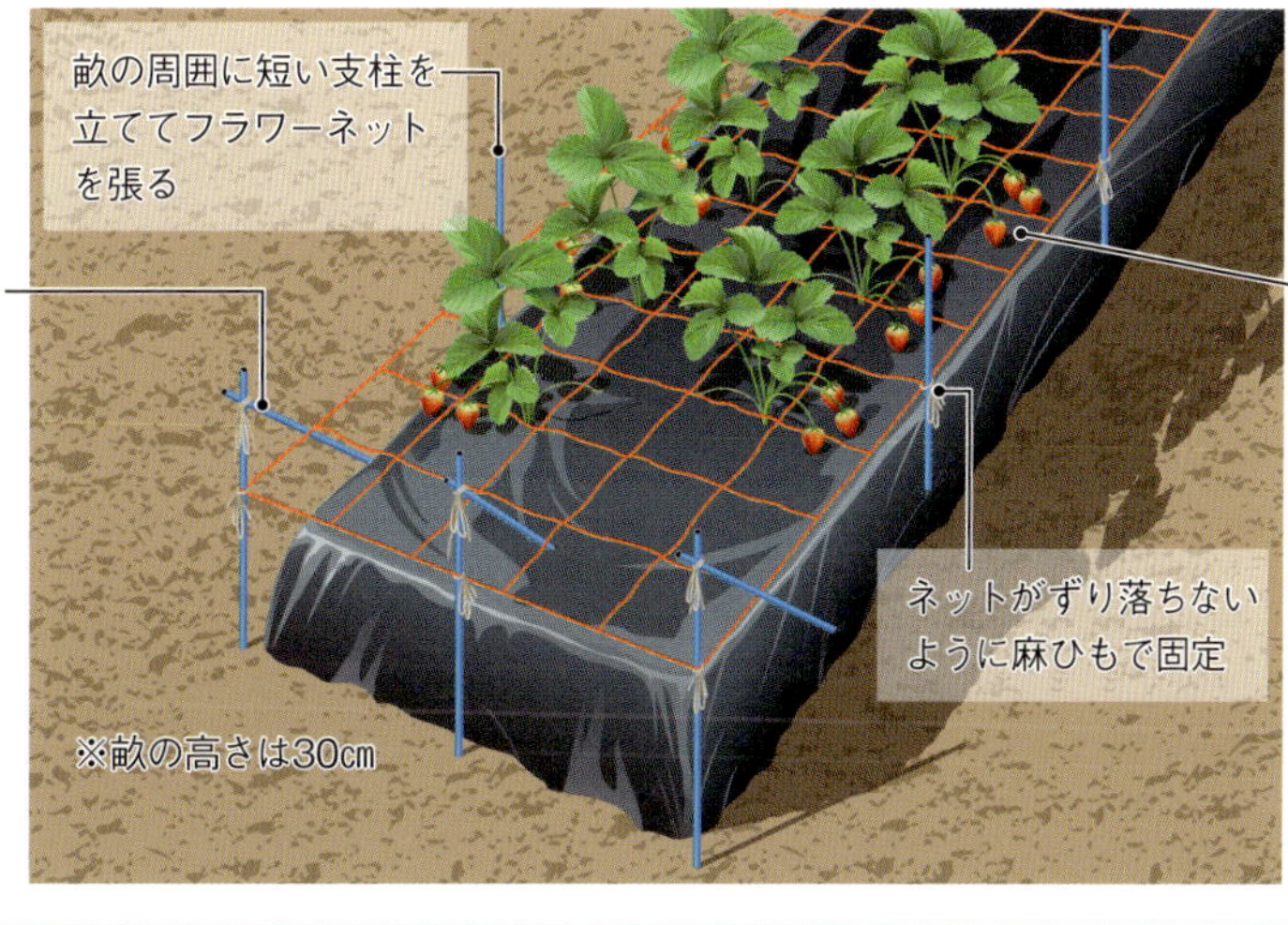

畝の周囲に短い支柱を立ててフラワーネットを張る
四隅の支柱には、筋交いをして補強
花房をネットの上に出しておく
ネットがずり落ちないように麻ひもで固定
※畝の高さは30㎝

裏ワザ 2

袋栽培仕立て

こう変わる！

- →立体栽培で1袋に3株植えられるので、通常の1/3のスペースで栽培できる
- →袋の向きや置き場所を変えることができる
- →ポリマルチや敷きわらをする手間がいらない
- →実が地面に触れないので、きれいな実が収穫できる

ビニールの袋を使ってイチゴを栽培する、ユニークな仕立てのアイデアです。傷みやすいイチゴの実を守るためには広めのスペースや高畝を立てるなどの手間が必要ですが、この栽培法ならこうした必要もありません。

イチゴは株がコンパクトなので、袋栽培に最適。培養土や肥料が入っている袋は厚手でしっかりしていて、土の容量20ℓ程度の袋に3株植えられます。

日当たりを好むので、あらかじめ正面を決めて、袋の前寄りに苗を植えつけます。側面の苗は、垂れた果房が土に触れない高さに植えつけます。植えつけ後の管理は基本の仕立てと同じです。

栽培データ

袋
縦60cm、横40cm、土の容量20ℓ程度のものが使いやすい

資材
培養土や肥料の袋

STEP 1 袋の側面に切り込みを入れる

袋の下の方の側面に、10cm程度の水抜き用の切り込みを入れる。

STEP 4 袋の底面を埋める

袋を置く場所の土を5〜10cmほど掘り下げて平らにならし、袋をすっぽりと埋めて倒れるのを防ぐ。

コラム　小さな袋で栽培する場合

縦60cm、横40cmよりも小さな袋で栽培するときには、実が土につかないように高畝などにのせ、乾燥と倒伏に注意して管理する。

STEP

3 開口部に苗を植えつける

袋の高さの9分目まで土を足し、上部の前寄りにも、ランナーを後ろに向け、クラウンを埋めないように1株の苗を植えつける。

STEP

2 土を入れ、側面に苗を植えつける

袋に元肥入りの培養土を7分目まで入れたところで自立するように形を整え、同じく7分目の高さの袋の側面に、30cmほどの間隔をあけて2か所切り込みを入れる。土の上にランナーの切れ端を上に向けて苗を置き、切り込みからクラウンが見えるまで苗を袋の外へ引き出したら、新しい培養土を株元にかぶせて安定させる。

STEP

5 冬から春先の管理は基本の仕立てと同じ

冬は、枯れ葉や雑草を適宜取り除き、乾燥に弱いので、土が乾いたら水やりをする。春先に新しい葉が伸び始めたら追肥し、ランナーを摘み取る。人工授粉から収穫までの手順は基本の仕立てと同じ。

コラム

野菜づくりの基本①
道具をそろえる

野菜づくりをするには、最低限必要な道具や資材があります。ホームセンターや農具店でそろえましょう。92ページの「資材をそろえる」のコラムとあわせて参考にしてください。

鍬は、大量生産の安価なもののほうが重量が軽く、小さな菜園では使い勝手がよい場合もありますが、本格的なものを使うほうが畑を起こす力が強く、鍬自体も長もちします。

バケツや容器などは、自分でいろいろと試してみて、好みのものを使うとよいでしょう。料理用のものなどを代用すると、意外と使いやすい場合もあるはずです。

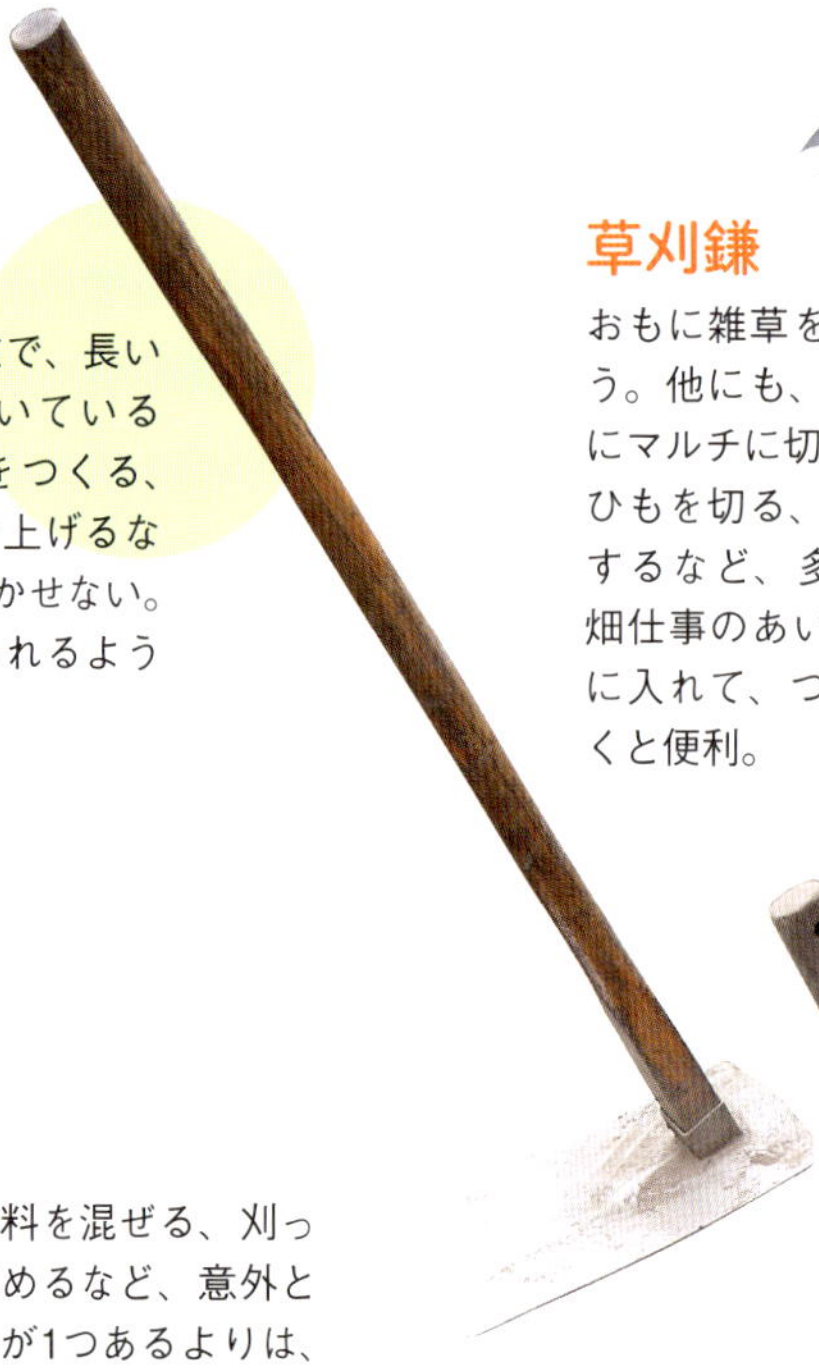

平鍬

農具の代表格の存在で、長い柄に板状の刃がついている鍬。畑を耕す、畝をつくる、溝を掘る、土を寄せ上げるなど、野菜づくりに欠かせない。鍬一つで畝を立てられるようになれば、上級者。

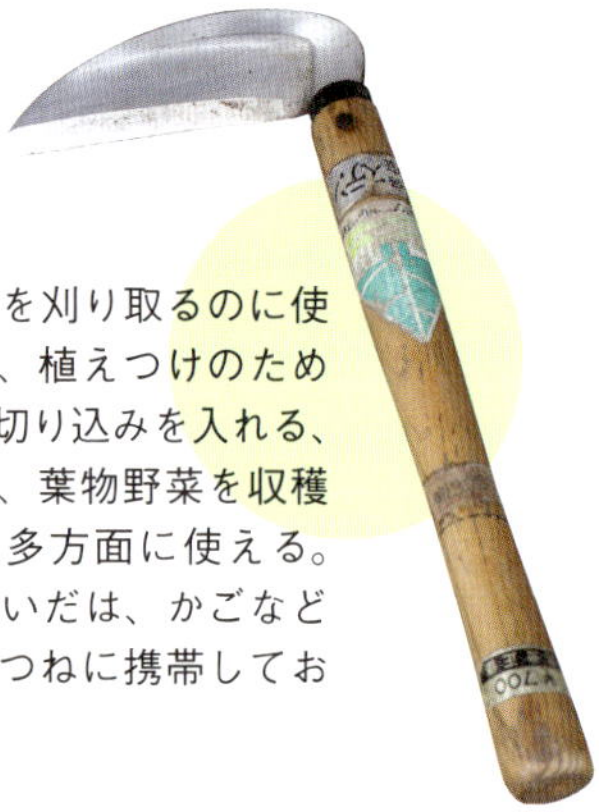

草刈鎌

おもに雑草を刈り取るのに使う。他にも、植えつけのためにマルチに切り込みを入れる、ひもを切る、葉物野菜を収穫するなど、多方面に使える。畑仕事のあいだは、かごなどに入れて、つねに携帯しておくと便利。

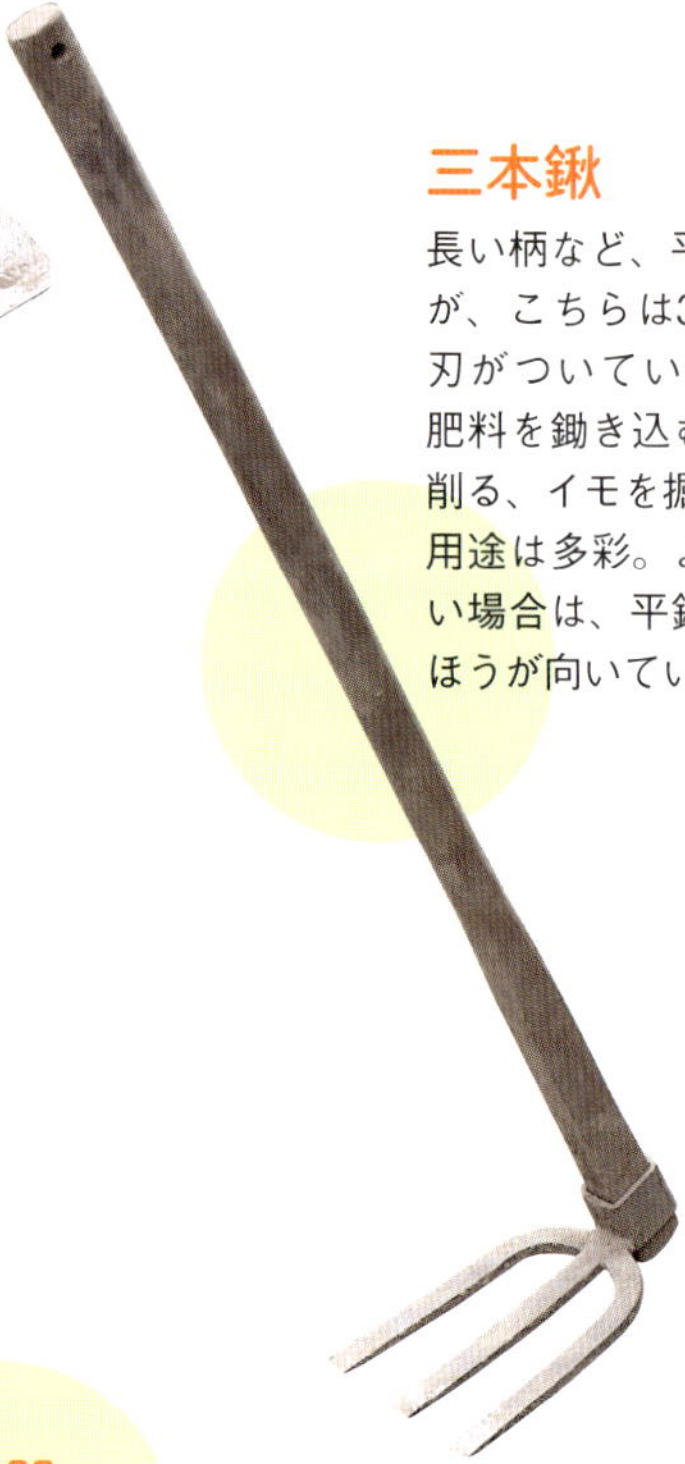

三本鍬

長い柄など、平鍬に似た形だが、こちらは3本に分かれた刃がついている。畑を耕す、肥料を鋤き込む、土の表面を削る、イモを掘り起こすなど、用途は多彩。より深く耕したい場合は、平鍬より三本鍬のほうが向いている。

バケツ

水や肥料を運ぶ、肥料を混ぜる、刈った雑草や枯れ葉を集めるなど、意外と多用途。大きいものが1つあるよりは、容量5ℓ程度の小さいものが2つあるほうが、運ぶときに重くなりすぎない。

容器

肥料の計量や種まき時の種入れ用に、容器があると便利。専用のものもあるが、料理用の200～500㎖の計量カップや350㎖のスチール缶などを代用してもよい。

Part 2

葉菜類

長ネギ

長ネギの栽培法は、ネギの性質を踏まえて、葉鞘部を白く長く育てるために工夫されています。土を盛り上げて光を遮ることで白い葉鞘部が作られますが、土寄せできる高さには限度があるので、初めに深さ20～30㎝の溝をつくって植えつけます。

一方、ネギの根は多量の酸素を必要とするため、一度に溝を土で埋めると呼吸ができずに枯れてしまいます。そのため、植えつけ直後は溝を埋めずに、わらなどを入れて通気性をよくします。

月1回の追肥と土寄せを繰り返して、少しずつ軟白するのがコツ。葉が枝分かれしている分岐部に生長点があるので、分岐部を埋めないように気をつけます。初めの1～2回の土寄せで溝を埋め、その後は畝の両側から土を盛り上げます。

基本の育てワザ

- 溝を掘って苗を植えつける
- 1か月ごとに追肥し、少しずつ株元に土寄せして葉鞘部を長く軟白させる
- 最後の追肥と土寄せの1か月後から収穫開始

STEP 1 溝を掘り、苗を植えつける

溝は東西方向につくるのが基本だが、畑の形状しだいで南北方向でもよい。土がやわらかいと垂直に溝が掘れないので、植えつけの1週間前に元肥をまいて土づくりを済ませ、締まった土にしておく。植えつけ当日、幅10～15㎝、深さ20～30㎝のまっすぐな溝を掘り、掘り上げた土は溝の南側（南北畝の場合は東側）に盛り上げておく。
溝の北側（南北畝の場合は西側）の壁面に、5㎝間隔で苗を垂直に立てかける。根元に土を2～3㎝かけて軽く踏み、倒れないようにする。倒伏と乾燥を予防するため、溝にわらを入れる。

STEP 2 追肥、土寄せ（1・2回め）

1回め 植えつけの約半月後、活着して新しい葉が伸び始める頃に、1回めの追肥。わらの上に追肥し、溝を半分くらい埋めるように土をかける。

2回め 1回めの追肥から約1か月後、溝のわきに盛り上げた土の上に肥料をまき、土と混ぜながら溝が埋まるくらいまで土を入れる。

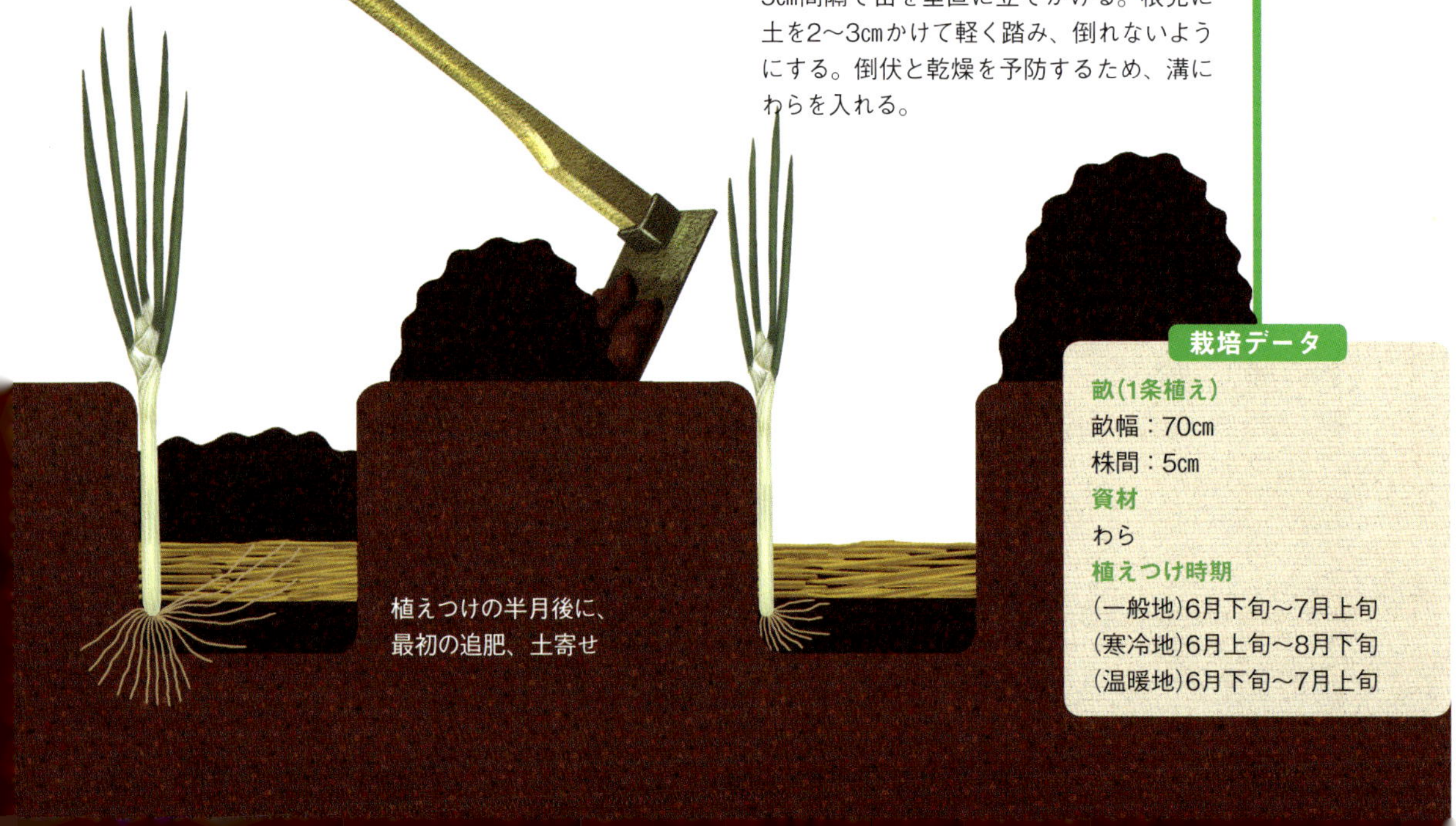

植えつけの半月後に、最初の追肥、土寄せ

栽培データ

畝（1条植え）
畝幅：70㎝
株間：5㎝

資材
わら

植えつけ時期
（一般地）6月下旬～7月上旬
（寒冷地）6月上旬～8月下旬
（温暖地）6月下旬～7月上旬

基本の仕立て

深掘り・土寄せ栽培

STEP
4 収穫

最後の追肥、土寄せから1か月たてば、いつでも収穫できる。株わきの土を崩して引き抜く。

STEP
3 追肥、土寄せ（3・4回め）

4回め

また1か月後、追肥し、株のまわりの土を集めて分岐部の下までたっぷりと寄せ上げる。土が崩れないよう、側面を固める。

3回め

さらに1か月後、畝の両側に追肥と土寄せをする。葉の分岐部が土に埋もれないように注意する。

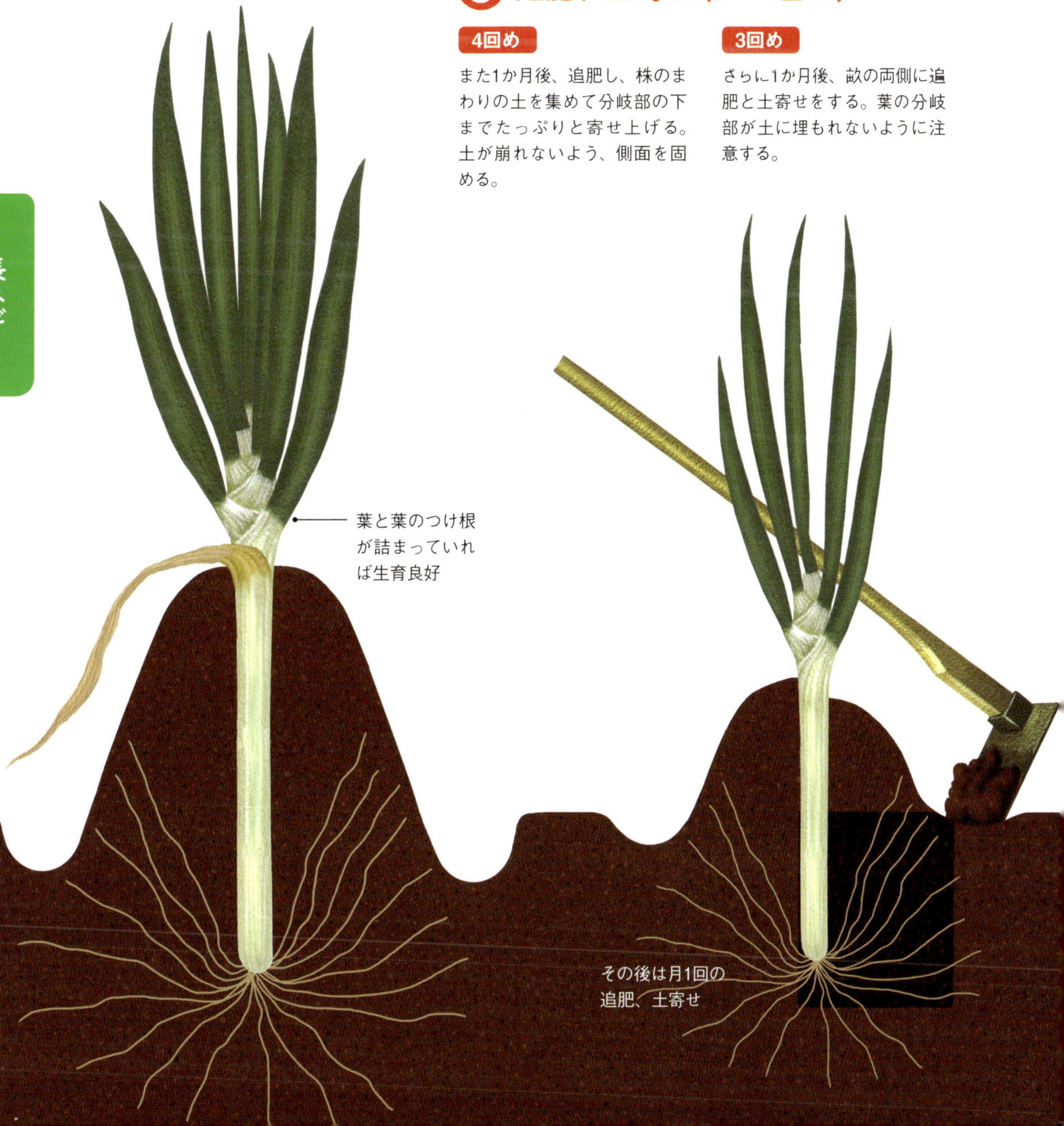
葉と葉のつけ根が詰まっていれば生育良好
その後は月1回の追肥、土寄せ

裏ワザ

土寄せ不要の曲がりネギ仕立て

こう変わる！

→深い溝掘りや軟白目的の土寄せが不要
→株を倒して防草シートをかぶせるだけで、
手間がかからない。収穫もラク
→曲がって伸びるストレスによって辛みが強くなるが、
加熱すると甘みと香りが高まり、やわらかくなる

栽培データ

畝(1条植え)
畝幅：30～40cm　株間：5cm
＊株を倒すスペースを50～60cmとる

資材
わら、防草シート、支柱、留め具

深い溝掘りと土寄せに手間がかかる長ネギ作りを簡単にしたのが、この曲がりネギ仕立てです。

　浅めの溝に植えつけて葉鞘部が伸びてきたら横に倒し、上から遮光効果のある防草シートなどをかぶせて軟白化します。こうすることで葉鞘部が横に伸びていくので、基本の仕立てのように深い溝掘りと土寄せの必要がなくなります。

　また、ネギの上部が光を求めて上に行こうとするので、形状は「曲がりネギ」になります。加熱調理すると甘くなり、味わいも増します。

STEP 1 深さ15cmの浅い溝に苗を植える

株を倒す場所が必要なので、畝幅を含めて80cm以上のスペースを用意する。土が締まって溝がつくりやすくなるよう、植えつけの1週間前に元肥をまいて土づくりを済ませておく。植えつけ当日、深さ15cm、幅15cmの垂直の溝を掘る。溝に5cm間隔で苗を並べて土をかけ、溝にわらを入れる。

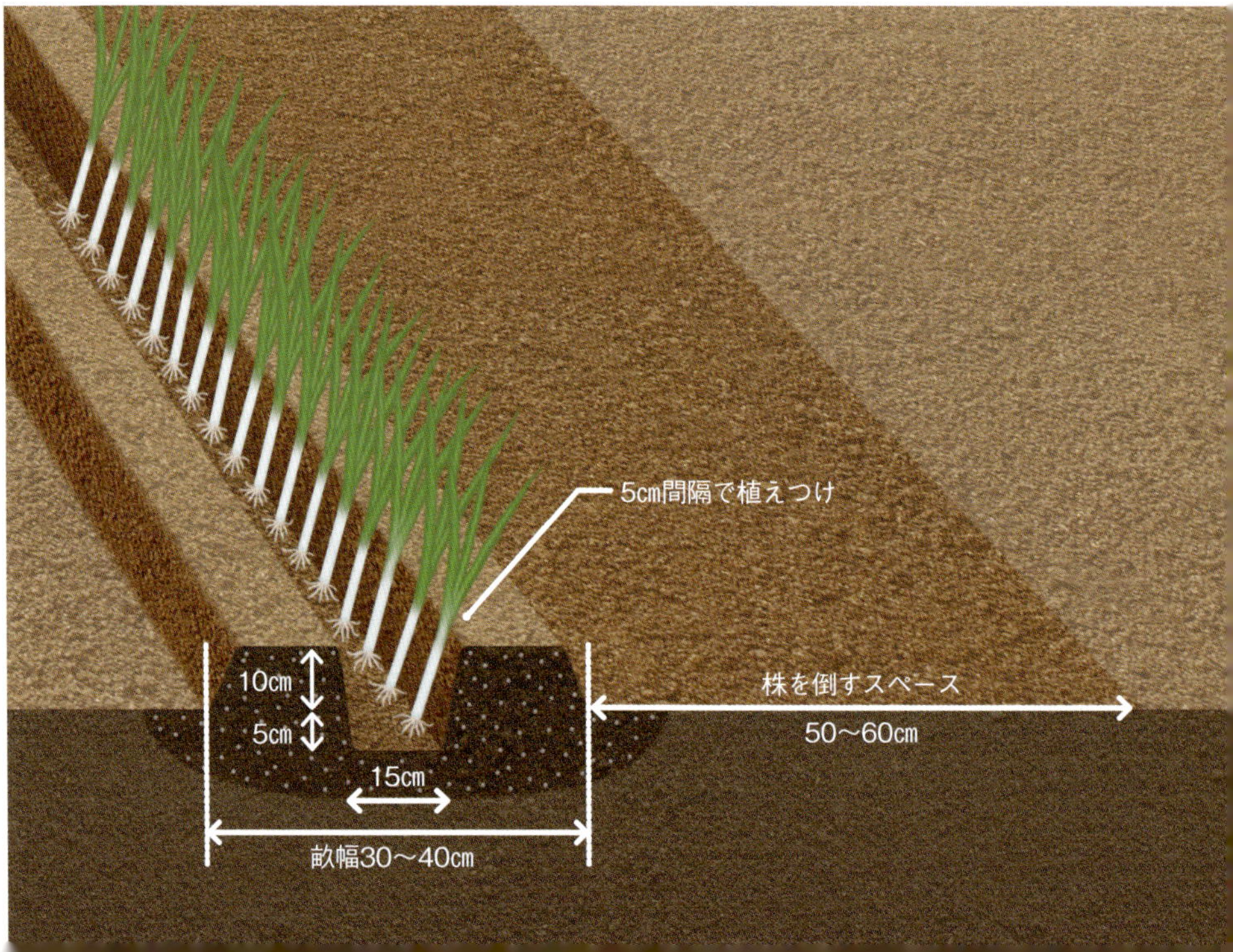

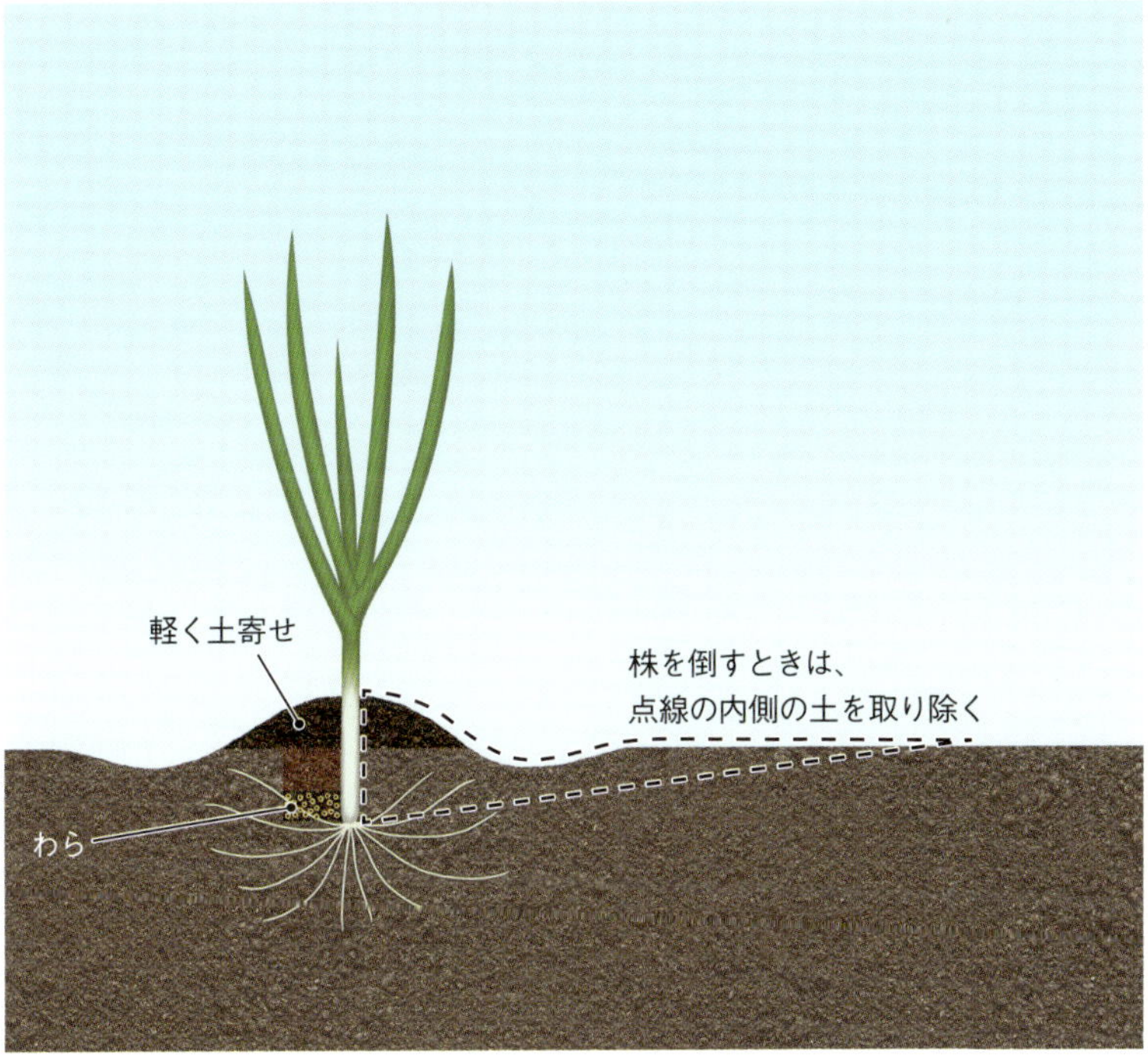

STEP
2 1〜3回めの追肥、土寄せ

3回の追肥は基本の仕立てどおりに行う。土寄せについては、軟白が目的ではないので、株が倒れない程度に軽く寄せるだけでよい。

STEP
3 株を倒す

収穫の約1か月前、倒す側の土を掘り崩して平らにならし、根が見えるまで根元を露出させて株を倒す。ネギは丈夫なので、少々根が切れても心配ない。

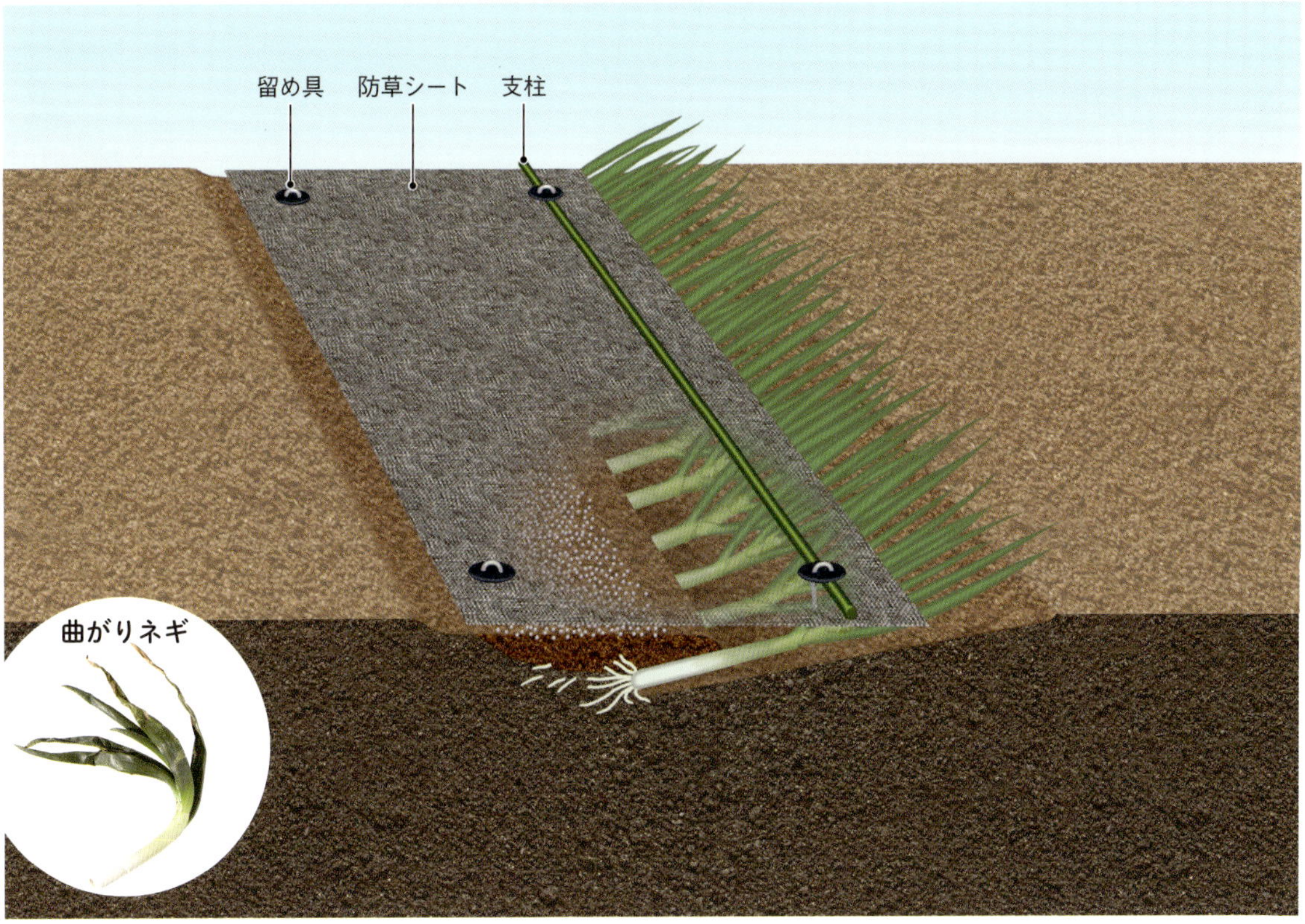

STEP
4 4回めの追肥、防草シートをかぶせる

倒した株元に土をかけて平らにならし、その上に追肥する。葉先が10〜15㎝出るように防草シートをかぶせ、端を留め具で押さえる。株が起き上がろうとする力は強いので、シートの端に支柱をのせ、上から留め具で押さえるとよい。

STEP
5 収穫

防草シートを剥がして引き抜く。残してあとで収穫する株には、ふたたびシートをかぶせておく。

アスパラガス

アスパラガスは、根に蓄えた養分をエネルギーにして伸びる若茎を収穫する野菜です。一度植えれば10年以上も収穫が見込めるので、充実した根を作ることが重要です。

種から始めると、2～3年間は収穫を控えて根を養生するのが一般的ですが、栽培から2～4年を経た大苗を植えつければ、翌春には収穫が可能です。

若茎の一部を収穫しないで残し、光合成をする葉（茎が葉のように変化したもので偽葉という）として育てながら、若茎をとり続ける「立茎栽培」が一般的です。1株で10～12本の立茎（葉のついた茎）があれば、光合成には十分。春から秋まで長期収穫できます。

作付けには、ほかの野菜のじゃまにならず、日当たりと水はけのよい場所を選びます。

基本の育てワザ

- 10年ほど同じ場所で栽培する多年草なので、植えつける場所を考慮する
- 春から夏は、収穫する若茎と光合成をさせる偽葉のバランスをとる
- 秋から冬は茎葉を刈り取り、お礼肥をして株の養生に努める

STEP 1 大苗を植えつける

植えつけスペース全体に苦土石灰を散布して耕したのち、畝の中央に深さ、幅とも30㎝の溝を掘り、元肥をまく。溝に土を4～5㎝かぶせ、芽を上に向けて大苗を並べる。芽の上に5～6㎝の土がかぶるように調節して、溝を埋め戻す。

STEP 2 晩霜乾燥予防に敷きわらをする

植えつけ後、晩霜や乾燥から守るため、畝の上にわらを敷く。

STEP 3 支柱を立ててフラワーネットを張る

草丈が伸び始めたら、畝の四隅に支柱を立ててフラワーネットを張る。以後、生長に合わせて50～60㎝間隔でネットを張る。生分解性ネットを使うと、後片づけがラク。雨にあたると病気になりやすいので、ビニールのフィルムなどを張って雨よけをするとよい。

STEP 4 追肥、土寄せ

6月ごろ、株のまわりに追肥し、土寄せする。

栽培データ

畝（1条植え）
畝幅：60㎝　株間：40㎝

資材
支柱（長さ150～180㎝のもの、またはトンネル用支柱）
敷きわら、フラワーネット、フィルム、ひも

植えつけ時期
（一般地）4月上旬～6月上旬／10月上旬～11月中旬
（寒冷地）5月下旬～6月下旬
（温暖地）4月上旬～6月上旬／10月中旬～11月下旬

基本の仕立て 立茎長期栽培

STEP
5 茎葉を刈り取る

晩秋に、枯れた茎葉を地際で刈り取る。茎葉には害虫や茎枯病の病原菌などがついているので、敷きわらとともにその場で焼却することが望ましいが、難しい場合は畑の外に持ち出して処分する。

STEP
6 お礼肥

刈り取り後、有機物をたっぷり補給して株の養生に努める。株のまわりに堆肥と肥料を投入して中耕する。

STEP
7 収穫

翌年の4〜5月上旬、若茎の長さが約25㎝になったら、地際で切り取る。穂先が開くと見た目だけでなく食味も悪くなるので、適期に収穫する。

STEP
8 立茎

5月中旬以降、若茎の中から太いものを数本選んで、そのまま育てて立茎させ、それ以外の若茎を収穫する。その後も適宜立茎させながら、9月中旬までに次々と出る若茎を収穫する。1株で10〜12本の偽葉を立茎させれば、光合成が十分できる。

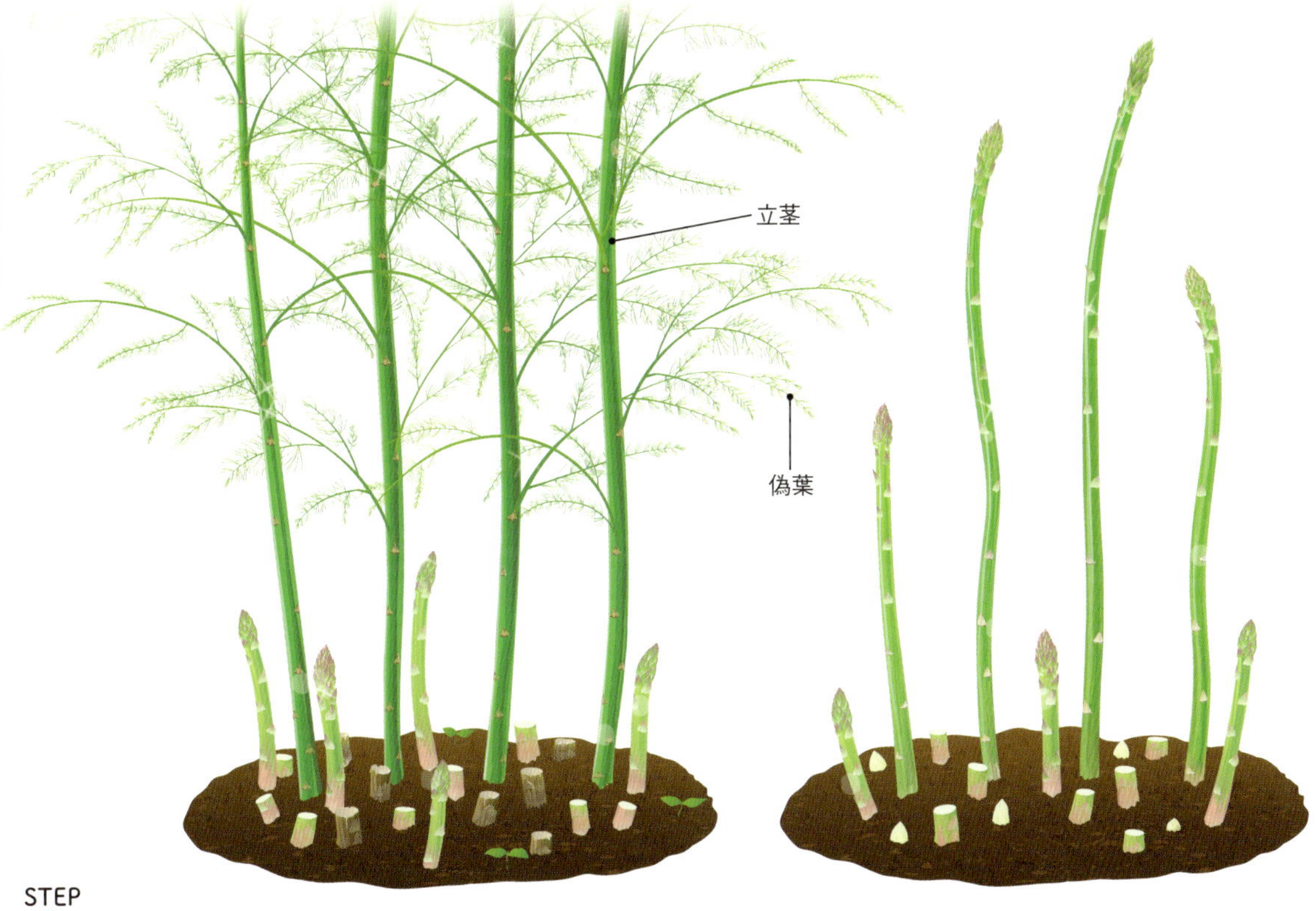

STEP
9 肥培管理

栽培期間が長いので、適期に肥料と有機物を補給して根の充実を図る。肥培管理のサイクルは、若茎が伸び始める2〜3月ごろと立茎の生長期に当たる6月ごろに追肥し、地上部が枯れた11〜12月にお礼肥として肥料とともに堆肥を施す。

裏ワザ 1

短期集中栽培

こう変わる！

→栽培期間が短く、失敗が少ない
→植えつけて2年めの春に、太い茎がたくさんとれる
→1シーズンで若茎をすべてとりきるので、
畑のローテーションが組みやすい

基本の栽培では10年ほどは収穫が続くアスパラガスを、植えつけた翌春にとり尽くして片づけてしまう新しい栽培法です。

通常では6月に行う定植を3月にするため、茎葉の生長が早く、翌年には本格的に収穫できます。また、1シーズンでとりきるため、翌年に茎葉を残さない分、多くとれます。

寒い時期に植えつけをするために、セルトレーで育苗し、ポリマルチで地温を上げた畑に植えつけます。

葉が伸び始めてからの管理は基本の仕立てと同じです。翌春には、1株で30本ほどの太い若茎がとれます。

栽培データ

畝（1条植え）
畝幅：60cm　株間：40cm

資材
支柱（長さ180cm）
セルトレー、黒マルチ、フラワーネット、トロ箱、フィルム

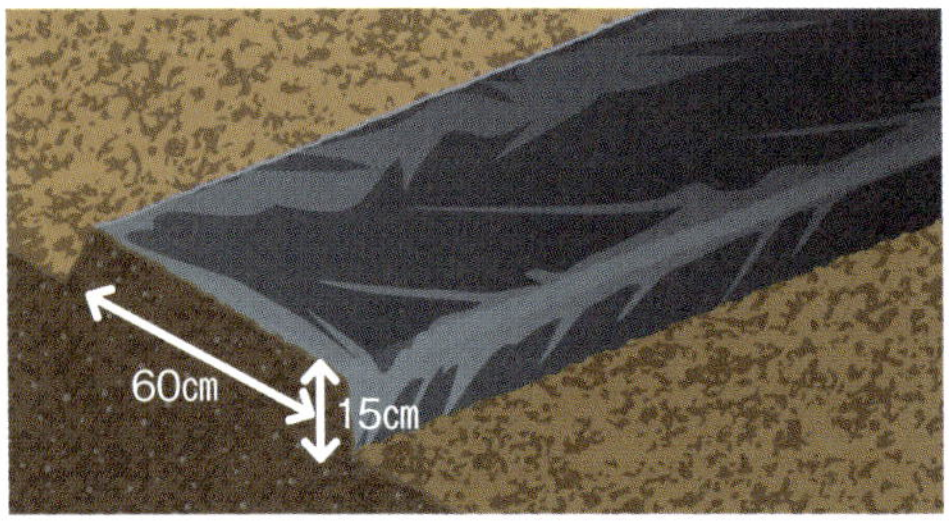

定植の1週間前までに畑の準備をする。マルチを張って地温を上げておく

STEP 1 セルトレーで育苗する

10〜12月、128穴のセルトレーに1粒ずつ種をまき、発泡スチロールのトロ箱に入れて透明のビニールフィルムで覆い、25〜30℃に保つ。途中、液体肥料などを追肥し、本葉2〜3枚になるまで育てる。

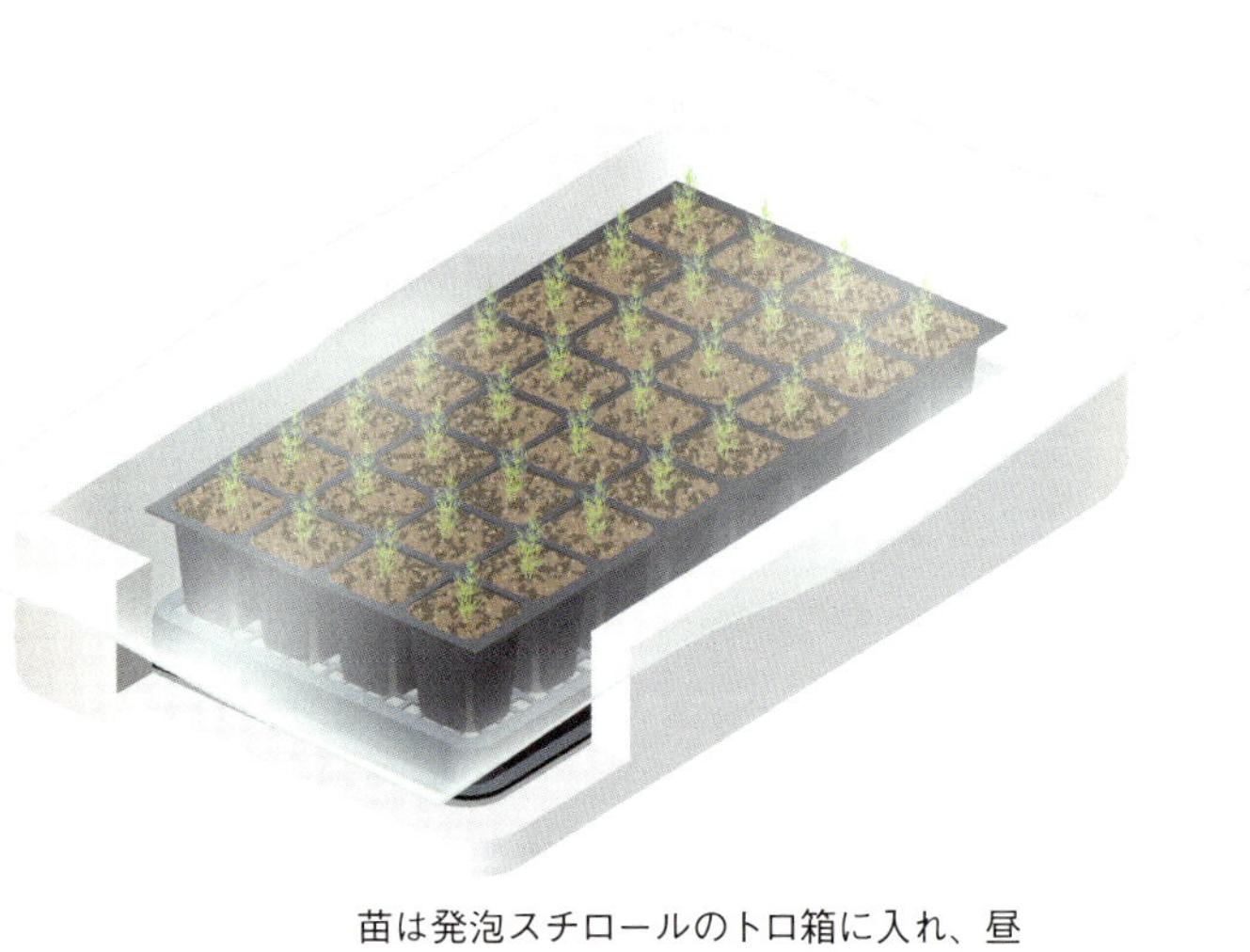
苗は発泡スチロールのトロ箱に入れ、昼は日なたに出し、夜は室内に取り込んで育苗する

STEP 2 深さ15cmの穴に植えつける

3月、黒マルチに株間を40cmあけて深さ15cmの穴をあけ、穴の底に苗を植えつける。マルチに切り込みを入れ、水を入れて重くしたペットボトルを強く押し込むと穴がつくりやすい。

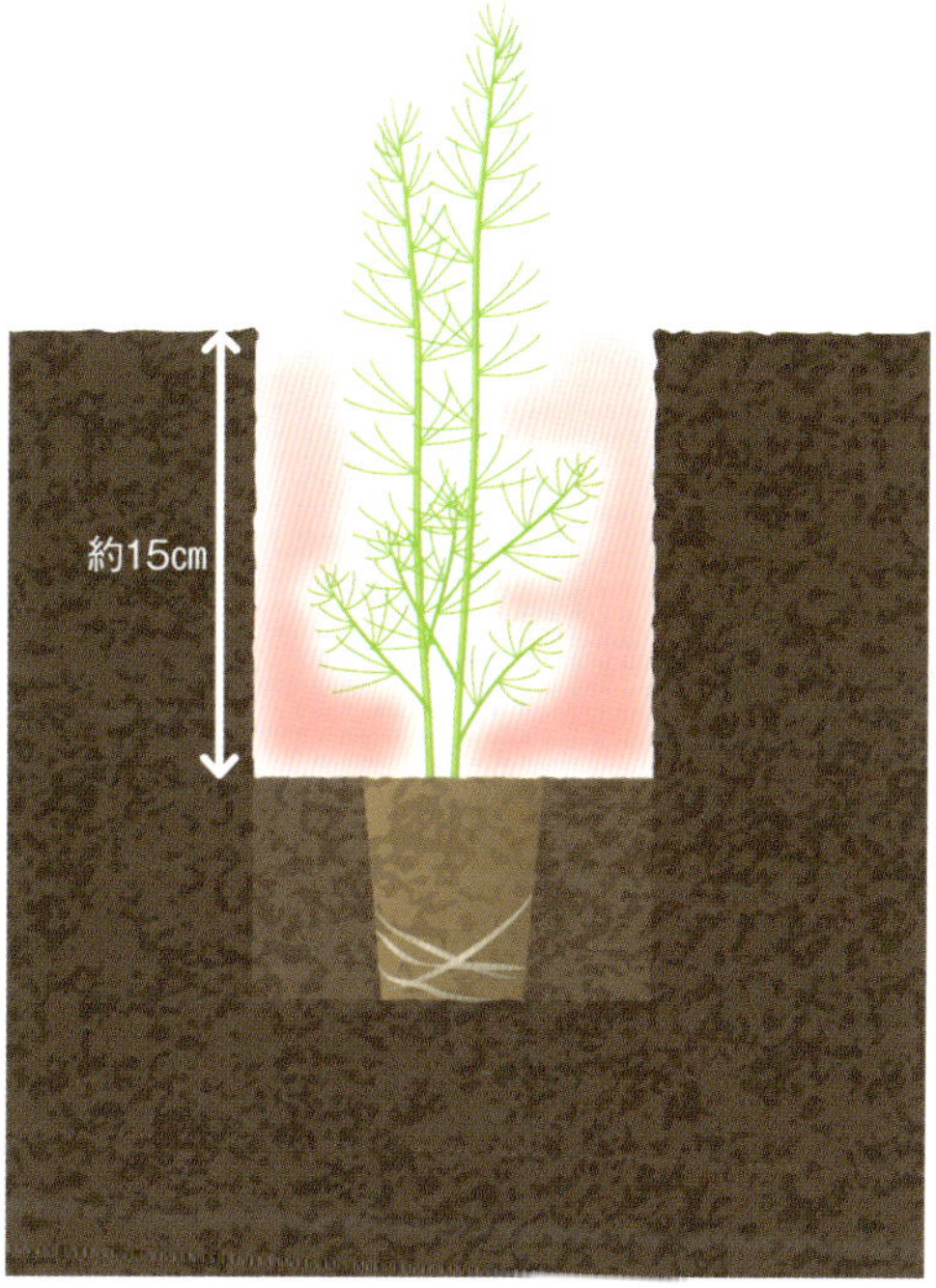

ペットボトルを逆さまにして押し込むと、キャップ部分によって苗が入るスペースができる

STEP 3 支柱、フラワーネットを張る

5月中旬、草丈が伸びてきたら、植え穴を土で埋めて土寄せする。四隅に支柱を立ててフラワーネットを張る。

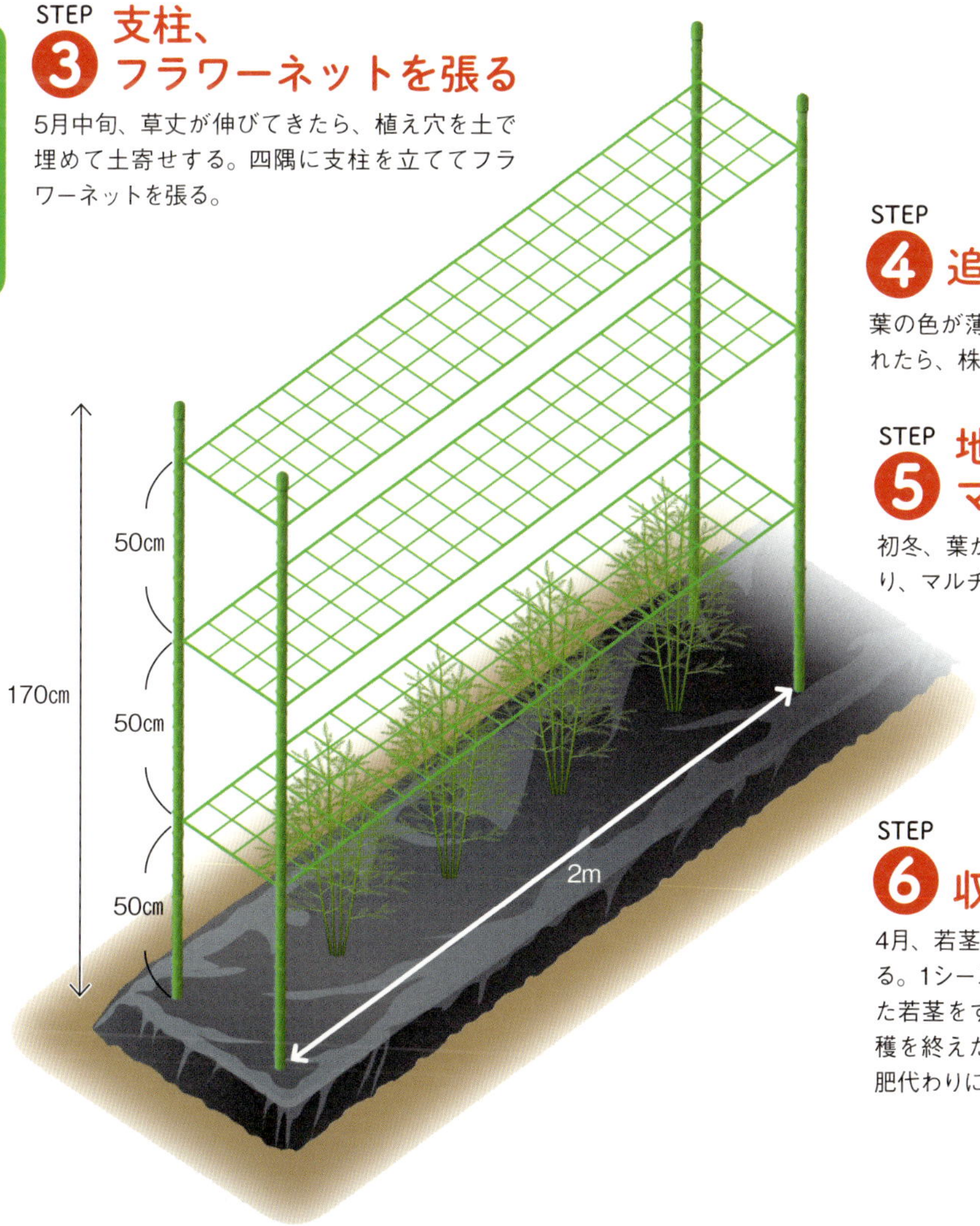

STEP 4 追肥

葉の色が薄い、草勢が弱いなどの症状がみられたら、株のまわりに追肥する。

STEP 5 地際で葉を刈り取り、マルチを剥がす

初冬、葉が完全に枯れてきたら地際で刈り取り、マルチを剥がす。

STEP 6 収穫

4月、若茎が伸びてきたら、地際から切り取る。1シーズンで収穫を終えるので、伸びてきた若茎をすべて収穫する。6月いっぱいで収穫を終えたら、株はそのまま残して耕し、緑肥代わりにする。

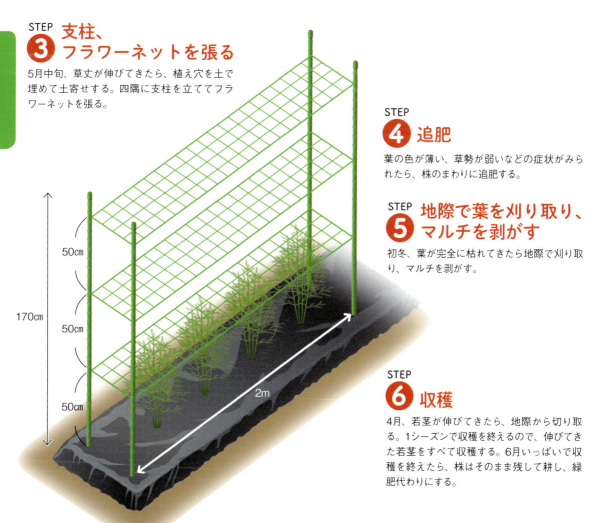

裏ワザ 2

ホワイトアスパラガスのパイプ仕立て

こう変わる！

→簡単な装置で軟白化ができる
→盛り土による軟白化に比べて簡単で、収穫期間が長い
→パイプをかぶせなければ緑色になるので、同時に2とおりの楽しみ方ができる

栽培データ

畝（1条植え）
畝幅60㎝　株間40㎝
資材
支柱：長さ150〜180㎝
敷きわら、黒マルチ、フラワーネット、ひも

塩化ビニールのパイプをかぶせることで軟白化し、ホワイトアスパラガスを作ります。

ホワイトアスパラガスは、若茎に光を当てずにアスパラガスを育てたものです。若茎が伸び始める前に、株の上に20〜30㎝の盛り土をして光を遮るのが通常の栽培法ですが、塩ビパイプを若茎に1本ずつかぶせて遮光するだけで手軽に軟白化ができます。若茎は生長が早く、遮光から数日で収穫できます。

苗の植えつけから春までの工程は、基本の仕立てと同じです。

STEP 1 苗を植えつける

基本の仕立てと同様に施肥し、穴の中に芽を上に向けて植え、4〜5㎝の土をかけて埋め戻す。

STEP 2 乾燥防止に敷きわらをする

敷きわらをして、晩霜や乾燥から守る。

STEP 3 塩ビパイプを用意する

内径4㎝ほどの塩ビパイプを25〜30㎝の長さで切り、土に差し込みやすいよう片方を斜めに切り落とす。もう片方の平らなほうに黒マルチを2枚重ねてふたをし、外れないようにひもで縛る。若茎は生長が早いので、早めに準備しておく。

STEP 4 若茎に塩ビパイプをかぶせる

若茎が少し見えてきたら塩ビパイプをかぶせて、土にしっかりと差し込む。萌芽に気づくのが遅れると、遮光してもきれいな白色にならないので、時期が来たらよく観察する。

STEP 5 収穫

遮光から数日たち、若茎が生長して黒マルチを押し上げてきたらとりごろ。若茎を折ったり傷つけたりしないようにパイプを抜き取り、地際から切る。光に当たるとすぐに緑化するので、気をつける。

コラム 種から始めるか、苗から始めるか

栽培のスタートが、①種、②一年生の小苗、③二～四年生の大苗のどれかによって、本格的な収穫までの年数が異なる。①は苗づくりに1年、畑に植えつけて収穫できるまでに2～3年かかる。②は種まきから1年後の苗で、植えつけた翌春の収穫は控えて2年めから本格的に収穫できる。③は植えつけの翌春から本格的に収穫できるが、苗はやや高価。

ブロッコリー

葉が大きく広がるので、畝幅、株間とも広くとり、水はけの悪い畑では高さ15〜20㎝の高畝にします。

真夏の植えつけは、強い日ざしを避けて曇天の日か夕方を選び、植えつけの前後にたっぷりと水を与えます。害虫が多い時期なので、軽い遮光を兼ねて防虫ネット（透光率90％）をトンネル掛けするとよいでしょう。

花蕾の大きさは外葉の大きさと枚数に比例するので、適期の追肥で株を大きく育てます。花蕾の形成期に、様子をみて2回めの追肥をしてもよいでしょう。主枝の先端にできる頂花蕾の収穫後、葉のつけ根から出る側花蕾も収穫します。

側花蕾を多くとりたい場合は、「頂花蕾・側枝兼用品種」のような表示のある品種を選ぶのがおすすめです。

基本の育てワザ

- 夏は植え傷みしやすいので、気温が下がる夕方に植えつけて、たっぷりと水を与える
- 適期の追肥で外葉を大きく育て、大きな花蕾を作る
- 頂花蕾の収穫後はすぐに片づけずに、次々と出る側花蕾も楽しむ

STEP 1 たっぷり水を与えて苗を植えつける

土づくりのあと、本葉4〜5枚に育った苗を植えつける。水を張ったバケツにポリポットごと苗をつけてたっぷりと吸水させたうえで植えつけ、植えつけ後は株のまわりに土手をつくって水を注ぎ、活着を促す。

STEP 2 追肥、土寄せ

植えつけの3週間後、株のまわりに追肥する。花蕾が肥大すると倒れやすくなるので、株元にたっぷりと土寄せする。さらに1か月後、生育をみて追肥をするとよい。

追肥のあとは通路を軽く耕し、株元に土寄せし、高畝を保つ
追肥は畝の両側に
苗を垂直にして株元を押さえて植えつける

栽培データ

畝（1条植え）
畝幅：70〜80㎝
株間：45㎝

資材
とくになし

植えつけ時期
（一般地）8月中旬〜9月上旬
（寒冷地）8月下旬〜9月中旬
（温暖地）7月上旬〜8月上旬

基本の仕立て

本格頂花蕾栽培

STEP 3 頂花蕾・側花蕾の収穫

頂花蕾の直径が10〜15㎝になり、花蕾がかたく締まっているうちに収穫する。とり遅れるとつぼみが膨らんで食感が悪くなる。茎もおいしいので、長くつけて収穫する。葉のつけ根から伸びた側花蕾も、直径5〜7㎝になったら収穫する。

頂花蕾を収穫する

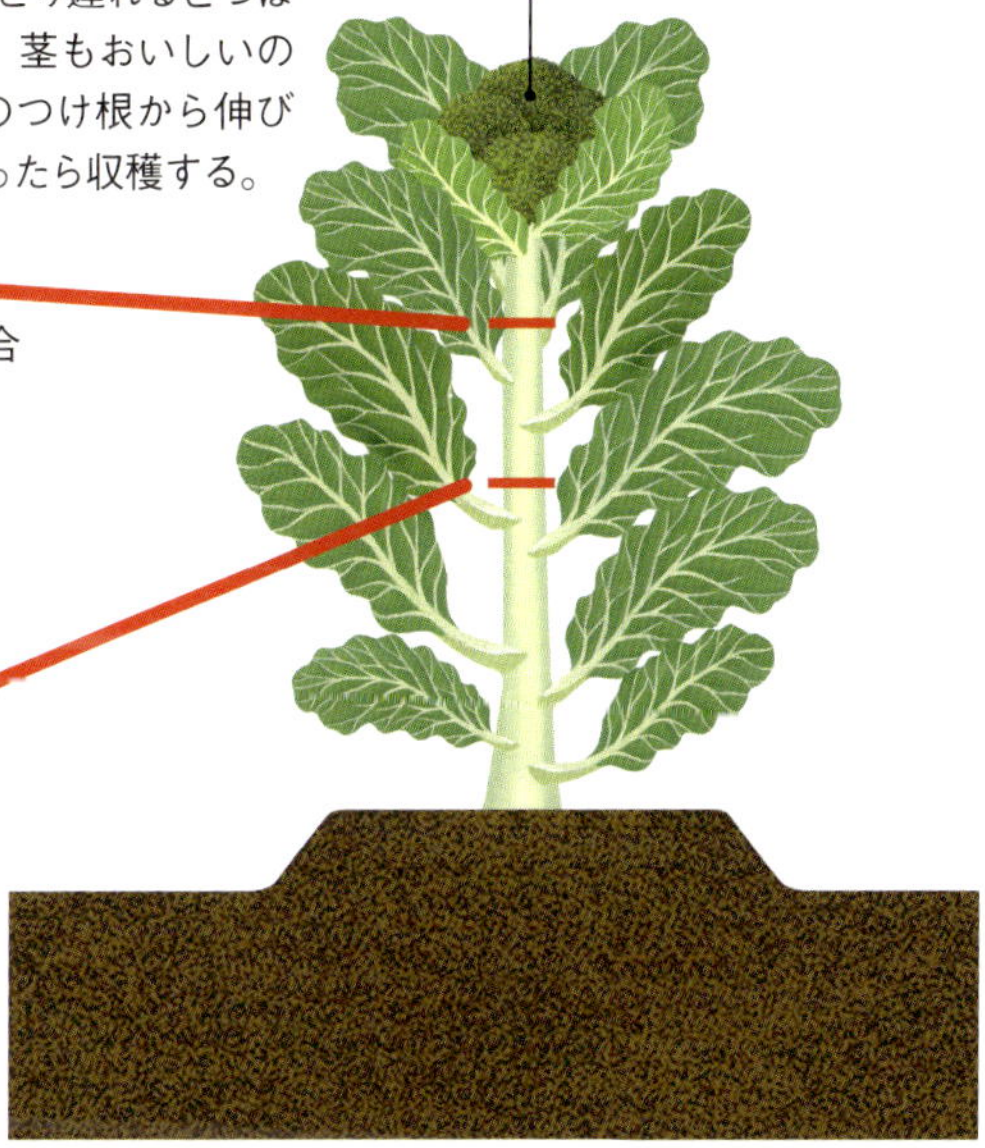

上の葉2〜3枚以外を残した場合

小さな側花蕾がたくさんできる

残す葉を5〜6枚にして、上を切り取った場合

大きな側花蕾ができる

コラム 茎ブロッコリーの育て方

茎ブロッコリーは、おもに側花蕾と歯ごたえのよい茎を食べる野菜。栽培はブロッコリーとほぼ同じだが、ブロッコリーよりも暑さ、寒さに強くて作りやすい。頂花蕾を直径2〜3㎝のうちに収穫して、側花蕾の伸びを促すのがポイント。10〜15本も出る側花蕾は、茎を15㎝ほどつけて切り取る。

コラム きれいなカリフラワーの育て方

カリフラワーを育てる場合、花蕾を外葉で覆って遮光すると、真っ白な花蕾になる。

花蕾が直径7〜8㎝になったら、花蕾を外葉で包む

ひもで結ぶ

直径15〜20㎝が収穫の目安。とり逃すと、花蕾の表面がざらつき、隙間ができて味が落ちる

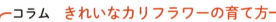

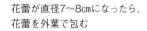

裏ワザ 側花蕾の通年収穫仕立て

こう変わる！

→溝を埋めながら土寄せするので、草丈が伸びても土寄せがしやすい
→随時土寄せすることで、不定根が伸びて丈夫な株になる
→翌年の秋まで側花蕾をとり続けられる

栽培データ

畝（1条植え）
畝幅：70〜80㎝　株間：45㎝
資材
とくになし

多年草のブロッコリーだからこそ可能な、翌年の秋まで長期収穫できる栽培法です。春になると側枝が何本も伸びますが、通常栽培では何度も土寄せできずに株が傷んできます。そこで、苗を溝に植えることで土寄せのスペースを確保。株元にたっぷりと土寄せして不定根を伸ばし、定期的な追肥で草勢を維持すれば、秋まで側花蕾が収穫できます。

STEP 1 溝に苗を植える

土づくりののち平畝を立て、中央に幅15〜20㎝、深さ10㎝の溝をつくり、底に苗を植えつける。掘り上げた土は、溝の両側に盛り上げる。

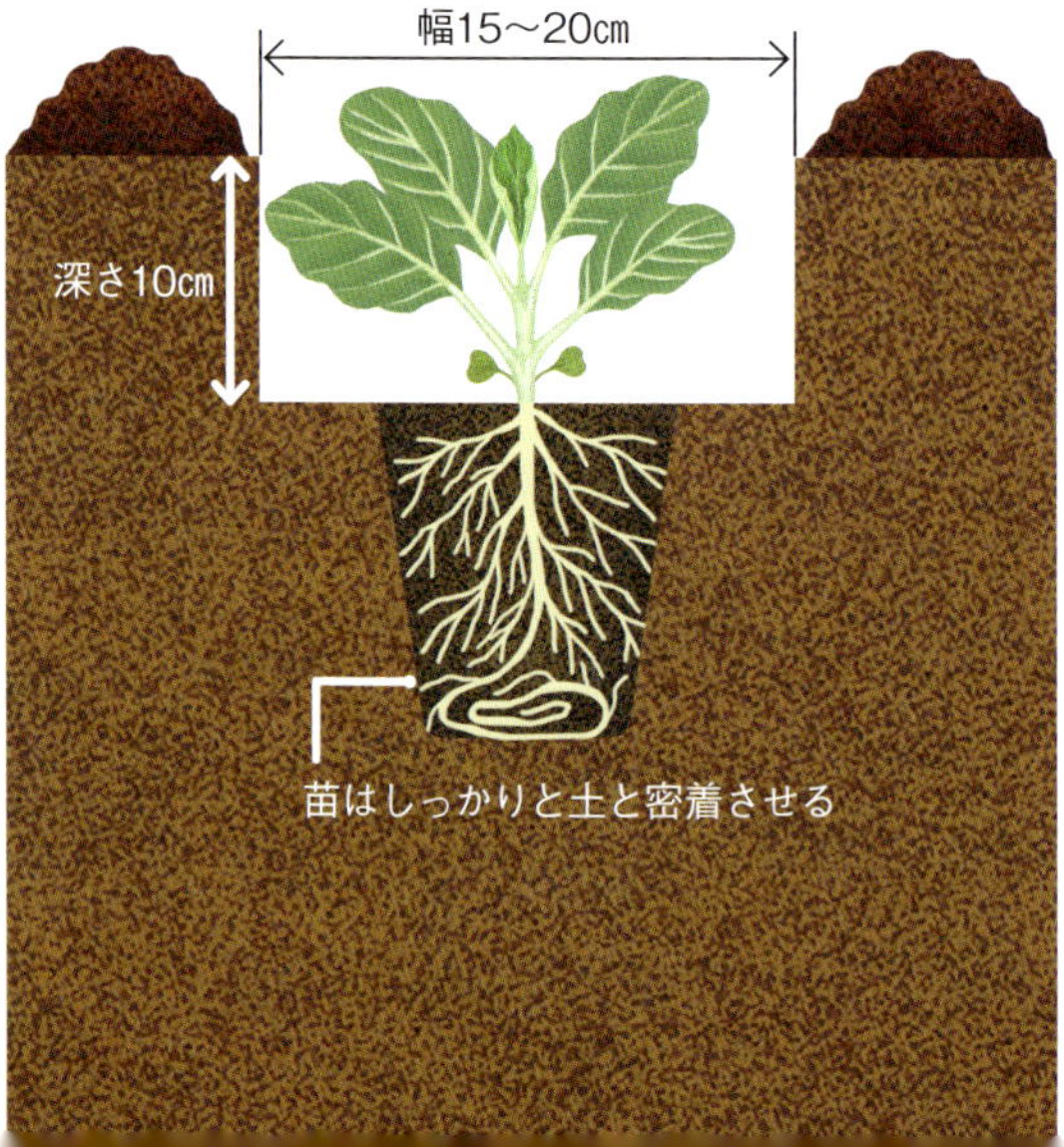
幅15〜20㎝
深さ10㎝
苗はしっかりと土と密着させる

STEP 2 土寄せして溝を埋める

草丈が伸びて溝の上に出るようになったら、2回に分けて盛り上げた土を崩し、溝を埋める。生育ぐあいをみて、追肥をしてもよい。

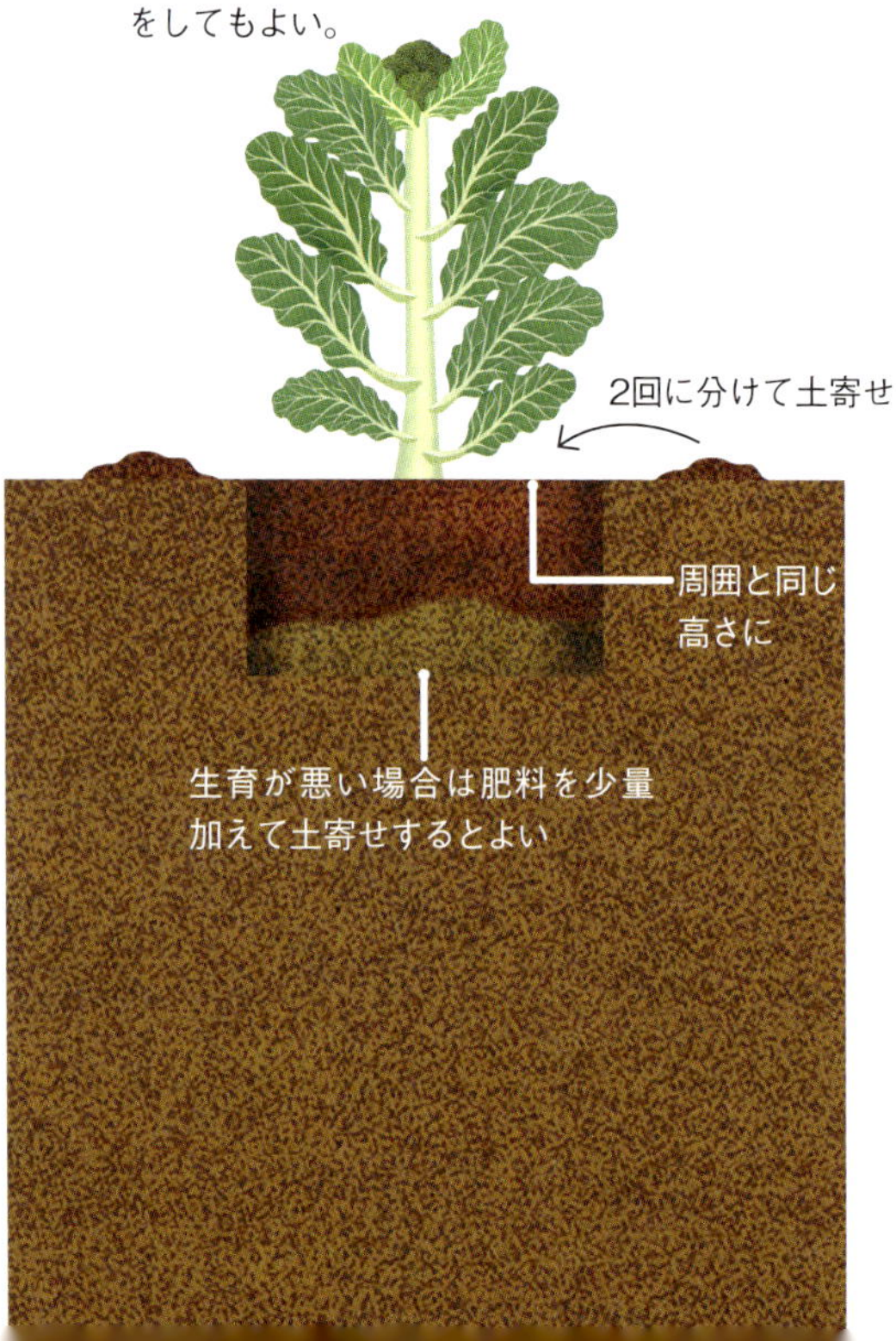
2回に分けて土寄せ
周囲と同じ
高さに
生育が悪い場合は肥料を少量
加えて土寄せするとよい

コラム　わき芽を挿し芽に

春か秋にわき芽を採り、挿し芽の要領で植えつけることもできる。株が大きくなりすぎて植え替えるときなどに、苗づくりの手間がかからず便利。

STEP 3 頂花蕾、側花蕾を収穫する

基本の仕立てと同様に、頂花蕾、側花蕾を収穫する。

STEP 4 側枝2〜3本に整枝する

側枝の中から太くてしっかりしたものを2〜3本残し、ほかはつけ根から切り取る。

STEP 5 追肥、土寄せ

土寄せは随時行う。枯れた下葉を取り除いて節を埋め、不定根の伸びを促す。頂花蕾の収穫から1か月ごとに追肥し、土寄せする。

STEP 6 側花蕾を収穫する

次々と出る側花蕾を収穫する。春から夏は花蕾がかたくなりやすいので、早採りを心がける。

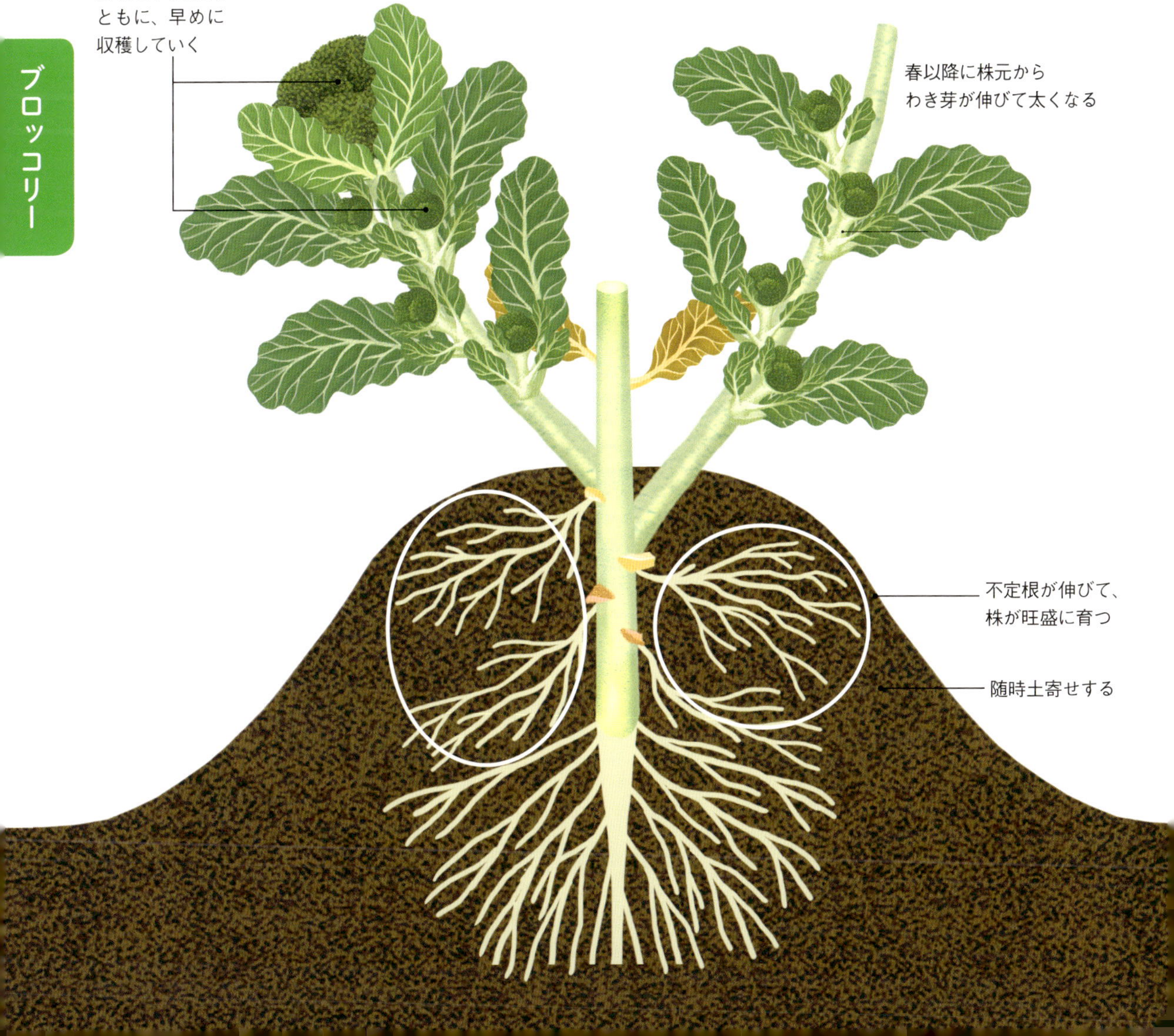
頂花蕾、側花蕾ともに、早めに収穫していく
春以降に株元からわき芽が伸びて太くなる
不定根が伸びて、株が旺盛に育つ
随時土寄せする

コラム

野菜づくりの基本❷ 資材をそろえる

誘引ひも

麻ひもやビニールひもを使うのが一般的。着なくなったTシャツなどを細く切ったものなども使いやすい。きつく結ぶことができ、なおかつ誘引する茎などを傷つけないものがよい。

支柱

おもに果菜類を支えるために使う。太さや長さは育てる野菜によって選ぶ。太さは16㎜程度、長さはトマトやキュウリは210〜240㎝の長めのもの、ナスやピーマンは150㎝程度の短めのものを使うことが多い。

被覆資材

不織布

化学繊維を熱や樹脂で接着したり、機械的に絡み合わせたりした布。とても軽く、光をよくとおし、寒冷紗より保湿性が高い。通気性も高いので蒸れにくい。

トンネル用フィルム

単に「ビニール」と呼ばれることが多い。光をよくとおし、通気性や透湿性はほとんどない。保温性が高い。高温になりすぎないように換気穴をあけたものもある。

防虫ネット

害虫防除が主目的。透光性や通気性が高い。害虫よけに光を反射する銀線を織り込んだものが多く、害虫の種類に対応した目合い（目の大きさ）のものがある。

寒冷紗

ビニロンやテトロンなどの化学繊維を平織りした布。通気性が高いわりに保湿性も高い。白色のものは光をよくとおし、冬の防寒・防霜、夏の防虫などに使う。

マルチング資材

透明マルチ

地温上昇効果が高く、土壌水分を保つ効果も高いが、雑草を防ぐ効果は低い。低温期の秋冬野菜に使うと効果的。夏季は地温が上がりすぎるので、フィルムの上に敷きわらをするとよい。

黒マルチ

地温上昇効果は透明よりも劣るが、雑草が生えるのを防ぐ効果は高い。フィルム自体が熱くなって葉焼けなどが発生しやすいのが欠点。高温を好むナスやピーマンなど、夏季の果菜類に向く。

Part 3

根菜類

ゴボウ

ゴボウ栽培のポイントは、「深耕精耕」。つまり、深部までよく耕し、やわらかい土をつくることです。根が長く伸びるので、深さ1mくらいまでていねいに耕します。また根や曲がり根の原因となる異物を取り除き、土の塊を砕きます。鍬が届かない深い所は、スコップで掘り起こします。過湿に弱いので、水はけのよくない畑では20～30㎝の高畝にするとよいでしょう。

好光性種子なので、種まき後は種が隠れる程度に薄く土をかけ、手のひらでしっかり鎮圧します。暑さや寒さ、病気や害虫に比較的強く、生長に応じて間引きと追肥をする程度であまり手がかかりません。霜が降りると地上部は枯れますが、根は生きているので、春にとう立ちするまで畑に置いておけます。

基本の育てワザ

- 深さ1mくらいまでていねいに耕す
- 発芽に光が必要な好光性種子なので、覆土はごく薄く
- 3回の間引きで1本立ちにする
- 株のわきを深く掘り下げてから収穫する

STEP 1 深く耕して種まきする

根が長く伸びるので、深さ1mくらいまでよく耕す。畝を立て、1か所4粒ずつの点まきにする。

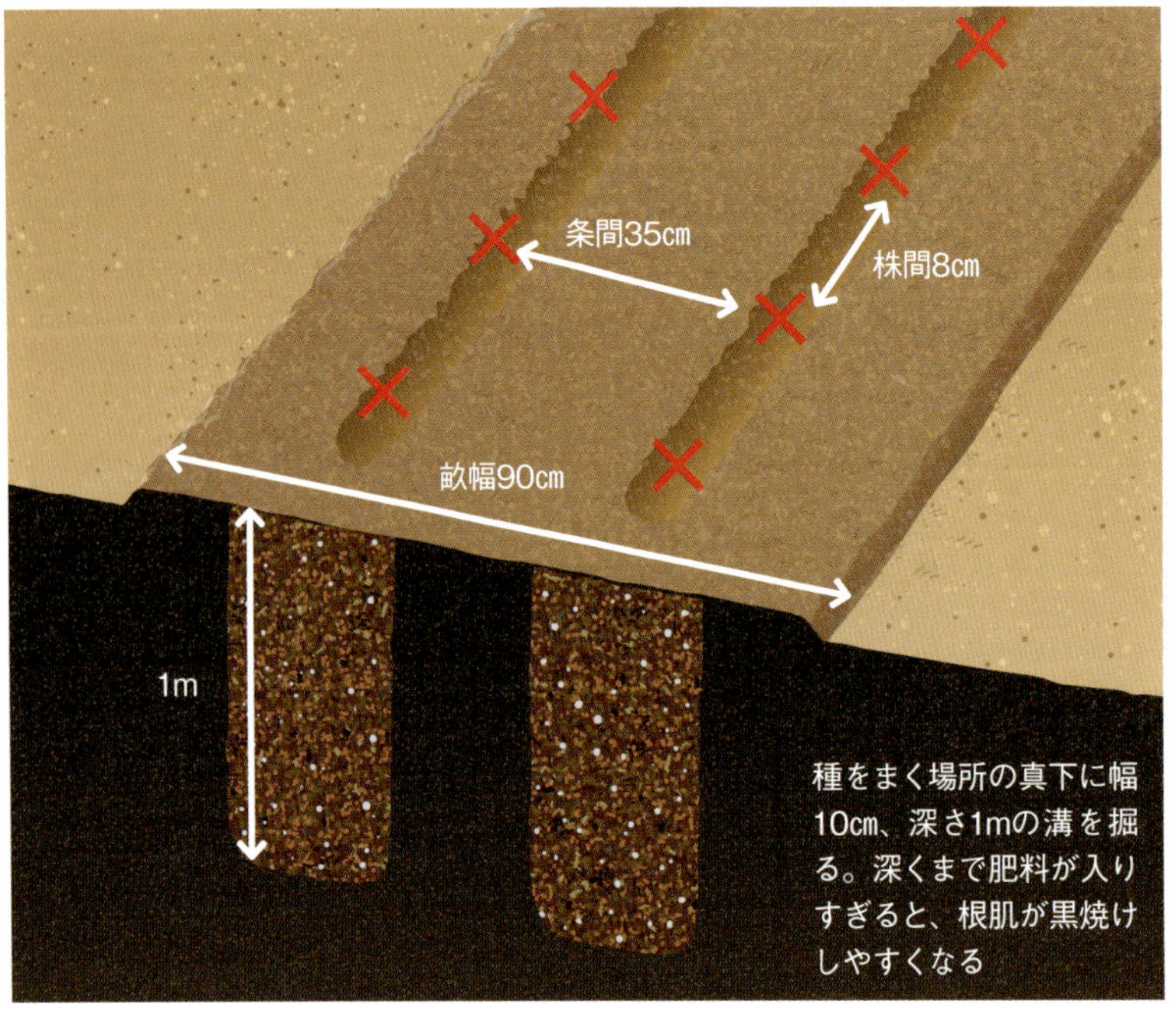

条間35㎝
株間8㎝
畝幅90㎝
1m
種をまく場所の真下に幅10㎝、深さ1mの溝を掘る。深くまで肥料が入りすぎると、根肌が黒焼けしやすくなる

栽培データ

畝(2条植え)
畝幅：90㎝
株間：80㎝
種まき時期
(一般地)4月上旬～9月上旬
(寒冷地)4月下旬～7月下旬
(温暖地)3月下旬～9月中旬

基本の仕立て 深掘り栽培

間引きのタイミング

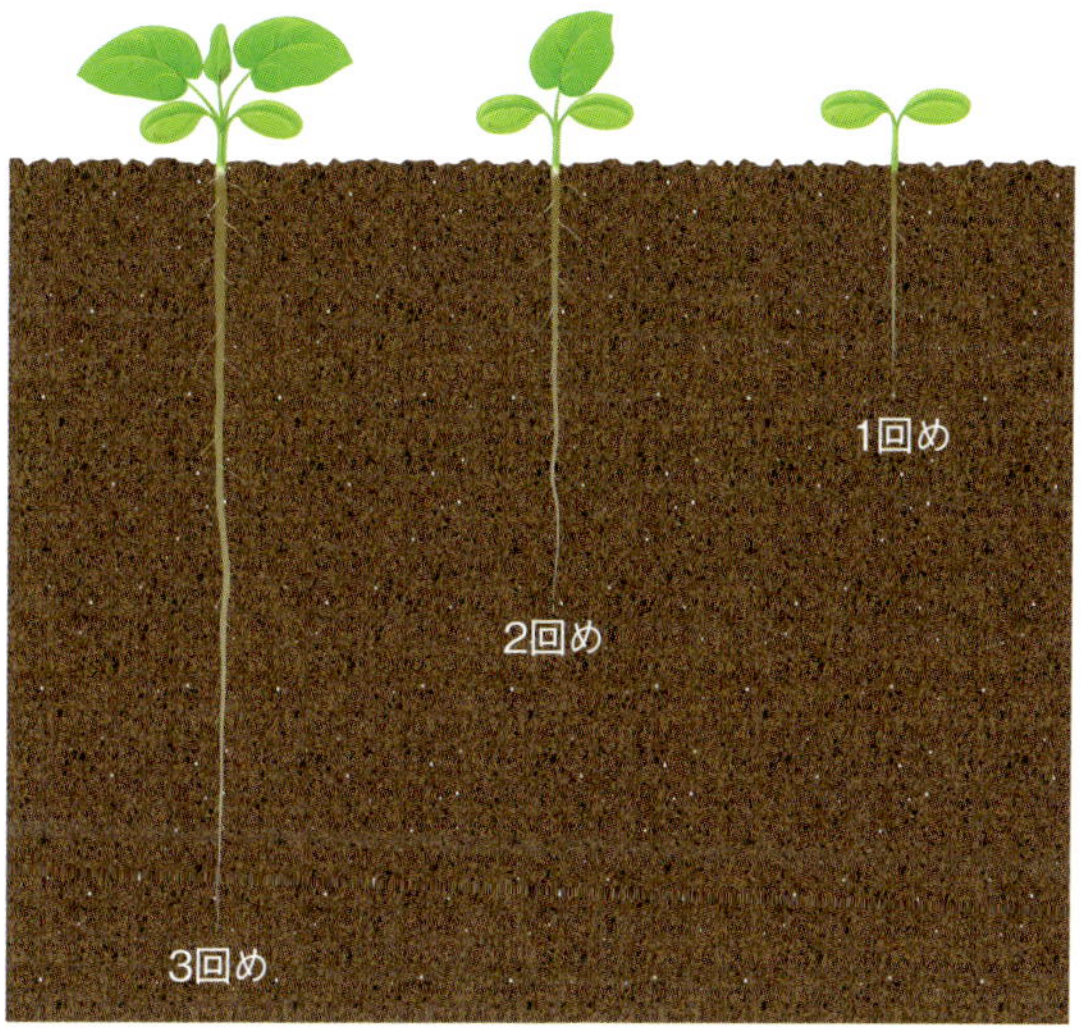
1回め
2回め
3回め

STEP 2 間引き、追肥、土寄せ

間引きは3回。双葉が展開したら3本に、本葉1～2枚のとき2本に、本葉3～4枚のとき1本にする。抜きにくいときは、地際をはさみで切り取ってもよい。2回めと3回めの間引き後、株の両側に追肥して土寄せする。

畝の片側を根の先端部まで掘り、倒すようにして引き抜く

STEP 3 収穫

種まきから120～150日たち、根元の直径が1～2㎝になったら収穫可能。株のわきを深く掘ったのち、根元を持って溝側に押し倒すようにして抜き取る。

コラム
作りやすい短根種（ミニゴボウ）

深く耕すのが難しいときや、耕土が浅い場所では、根の長さ30～40㎝の短根種が作りやすい。作り方は長根種とほぼ同じだが、株間は5～10㎝と狭くてよい。種まきから100日前後で収穫できる。

裏ワザ 波板仕立て

こう変わる！

→波板に根を誘導するので、深く耕さなくてよい
→根は波板の上で生長するので、伸長がスムーズで太くてまっすぐなものができる
→土を軽く掘り起こして引き抜くだけで、簡単に収穫できる

波板を地中に埋め、そのくぼみに沿って根を伸張させる栽培法です。

　ゴボウ栽培につきものの、「深耕」をしなくてすみます。種の真下に埋設した波板に根を誘導するので、根は浅い場所に伸びます。ゴボウは空気を含んだやわらかい土を好むので、波板の上にかぶせる土をていねいに耕し、さらに、わらを敷いて雨にたたかれて土がかたくなるのを防ぎます。

　土をやわらかくして引き抜くだけなので、収穫も簡単です。

栽培データ

畝(1条植え)
畝幅：50～60cm　株間：15cm
畝幅と別に、波板を埋設するスペースを100cmとる
資材
敷きわら、塩化ビニール製の波板
(幅71cm×長さ91cm)

STEP 1 波板を設置する

畝幅を含めて160cm(波板2枚を、20cmほど重ねて縦に並べた長さ)のスペースをとり、栽培スペースの一端を深さ40cmまで掘り下げ、種をまく位置(地表面)にかけてなだらかな傾斜をつくり、波板2枚を縦に並べる。掘り上げた土はまわりに積み上げておく。

STEP 2 埋めた波板の半分側にだけ肥料をまく

掘り上げた土に苦土石灰をまいてよく耕し、穴を埋め戻す。種をまく側半分ほどに肥料をまいて耕し、畝を立てる。種をまく位置から地中の波板まで約20cmあけると、発芽直後の主根が伸長しやすいうえ、土の乾燥を防ぐことができる。スペースの端に支柱などを立てておくと、誤って踏み込む心配がない。

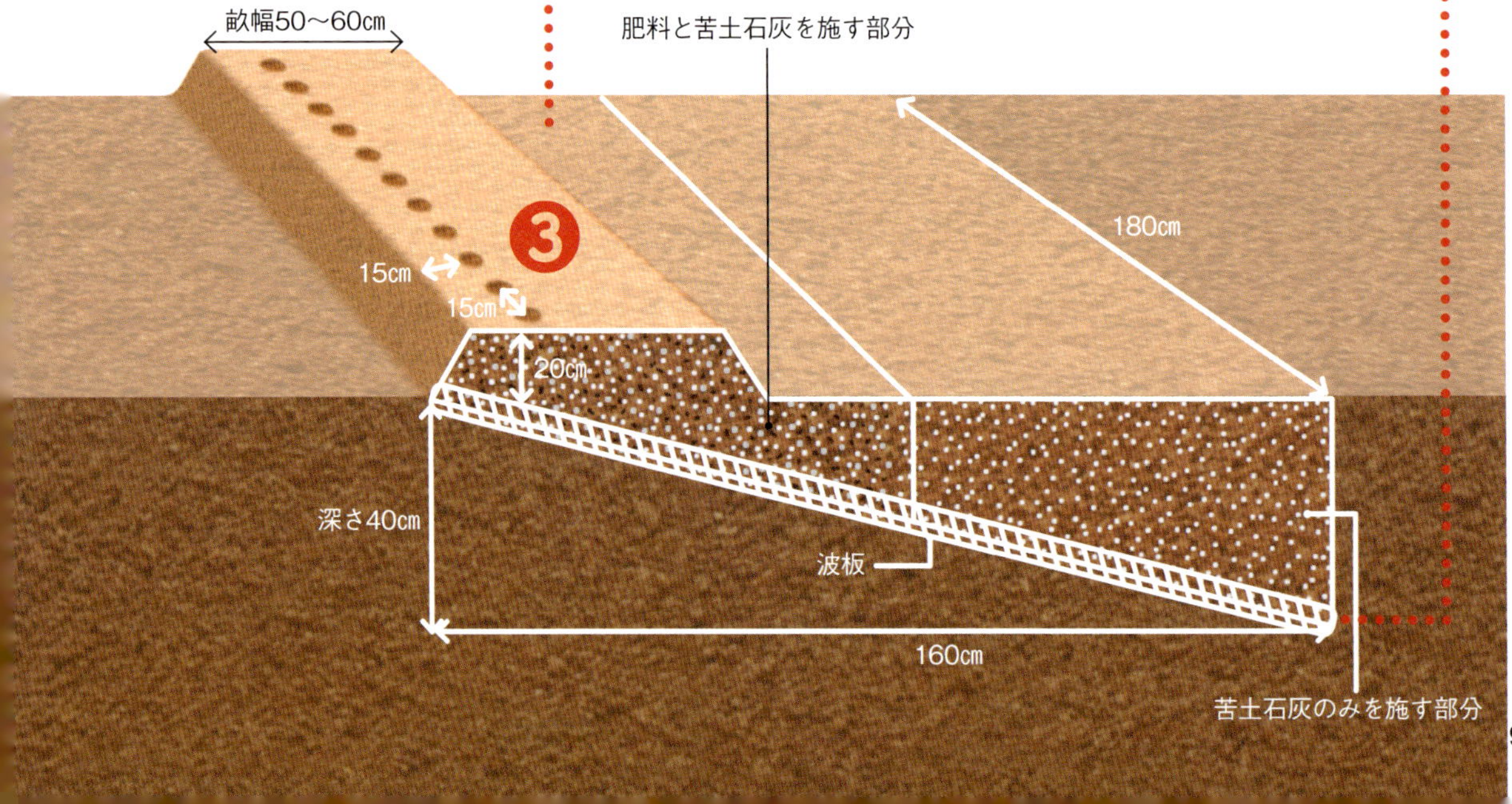

畝幅50～60cm
肥料と苦土石灰を施す部分
3
180cm
15cm
15cm
20cm
深さ40cm
波板
160cm
苦土石灰のみを施す部分

STEP 3 種まき、間引き、追肥

畝の端から15㎝ほどの所に15㎝間隔でまき穴をあけ、種を4粒ずつまく。間引きと追肥のタイミングは基本の仕立てと同様。間引き後、スペース全体にわらを敷く。肥料は敷きわらの上にまく。

STEP 4 乾燥予防に敷きわらをする

波板仕立ては根が地表近くに横に伸びるうえ、地中からの水分の上昇が波板によって遮られて乾きやすくなるので、乾燥を防ぐためにわらを敷く。敷きわらには、雑草発生防止、地温の安定、土がかたくなるのを防ぐなどの複数の効果がある。

STEP 5 収穫

地際の根の直径が1～2㎝になると収穫の適期だが、その前からいつでも収穫できる。株元付近の土を掘り起こしてやわらかくし、根元を持って引き抜く。

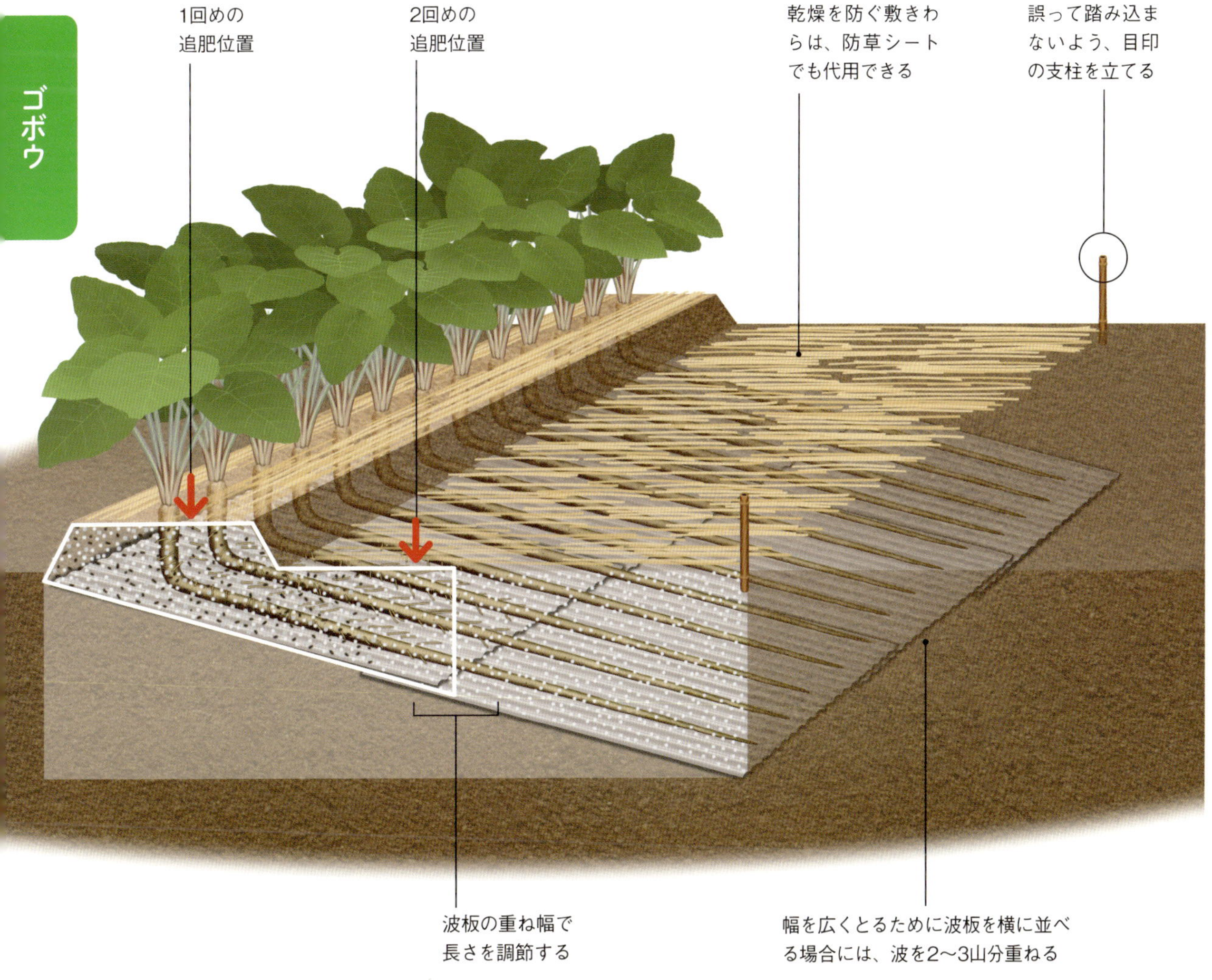
1回めの
追肥位置
2回めの
追肥位置
乾燥を防ぐ敷きわらは、防草シートでも代用できる
誤って踏み込まないよう、目印の支柱を立てる
波板の重ね幅で長さを調節する
幅を広くとるために波板を横に並べる場合には、波を2～3山分重ねる

サツマイモ

サツマイモは吸肥力が強く、窒素肥料が多すぎると、つるや葉が繁茂するもののイモの肥大が悪くなる「つるぼけ」を起こすことがあるので、野菜を作り続けている畑では無肥料で作れます。pH5.5～6.6の弱酸性から酸性の土壌を好むので、通常の畑では石灰質資材も不要。畝を立てるだけですぐに作付けできます。

切り苗は、長さ約25㎝、5～6枚の葉がついてがっちりとしたものを選びます。切り苗の植え方によってイモの数や大きさが変わるので、畑の環境や植えつける株数などから植え方を選びます。植えつけ前日に水につけてたっぷりと吸水させておけば、植えつけ後に少々しおれても問題ありません。基本的に追肥もしないので、収穫までほとんど手がかかりません。

基本の育てワザ

- 窒素肥料が多すぎるとつるぼけを起こすので、施肥量に注意する
- 前作の肥料が残っている所は無肥料でできる
- 切り苗のしおれが気になるときは、曇天か夕方に植えつける。植えつけの前後に雨が降れば、活着する
- 基本的に追肥はしなくてよい。収穫までほとんど手間いらず

STEP
1 土づくり、畝立て

野菜の栽培を続けている畑では、元肥不要。水はけのよい土壌を好むので、高さ30㎝のかまぼこ形の高畝をつくり、地温を上げて雑草が生えるのを防ぐために黒マルチを張る。

STEP
2 苗を斜めに植える

畝と平行に、支柱などの棒を斜め45度の角度で差し込む。棒を抜いたあとに切り苗を挿し込んで3～4節まで埋める。葉を埋めないように注意。

棒を斜めに差して穴をあけ、その穴に苗を植える

栽培データ

畝（1条植え）
畝幅：70㎝　株間：30㎝
資材
ポリマルチ
植えつけ時期
（一般地）5月中旬～6月中旬
（寒冷地）6月上旬～6月下旬
（温暖地）5月上旬～6月中旬

基本の仕立て 放任地ばい栽培

STEP 3 追肥は不要

基本的に追肥は不要。肥料過多になると、茎葉ばかりが育ち、根が太らない「つるぼけ」が起こる。ただし、真夏につるや葉の伸びが悪い、葉が黄色っぽくなるなどの症状がみられたら、つるの先端辺りに追肥する。

つるぼけを起こした状態

良好な生育状態

STEP 4 収穫

葉が黄色くなってきたら、霜が降りる前の土が乾いた日に掘り上げる。地際でつるを刈り取ってマルチを剥がし、株のまわりにスコップを入れて畝を崩したあと、つるを引っぱってイモを収穫する。収穫後、しばらく冷暗所に置くと、デンプンが糖分に変わって甘くなる。

コラム 苗の植え方でイモの数が変わる

葉のつけ根の節から伸びた根がイモになるので、埋める節の数によってできるイモの数が変わる。

水平植え

切り苗を水平に寝かせ、4〜5節を埋める。イモの数は多く、そろいもよいが、ポリマルチを張ると植えにくい。

斜め植え

3〜4節を埋めるイモはやや小ぶりになるが、イモの数は垂直植えより多い。

垂直植え

切り苗をまっすぐに挿して2〜3節を埋める。数は少ないが、太くて大きなイモができる。

裏ワザ

垂直立体仕立て

こう変わる！

→つるを支柱に誘引するので、狭いスペースで作れる
→日当たりと風通しがよいので病害虫が少なくなり、イモの肥大が良好になる
→イモがどこにあるかすぐわかるので、収穫しやすい

栽培データ

畝（1条植え）
畝幅：70㎝
株間：30〜40㎝
資材
支柱（180㎝）
ポリマルチ、誘引用のひも

つるが旺盛に広がるサツマイモを、立体栽培にして省スペースで作る仕立て方です。

大量のつるを誘引するので、支柱を頑丈に立てます。サツマイモのつるは支柱に絡みつくことはできないので、ひもでていねいに誘引する必要がありますが、支柱の高さを超えたら反対側に垂らして放任します。垂直植え（99ページ参照）なので、数は少なくなるものの、太いイモができます。

また、地ばい栽培だとつるの中からイモの場所を探すのに苦労しますが、収穫時にイモがどこにあるかすぐにわかります。

STEP 1 高畝を立てて植えつける

高さ30㎝の高畝をつくり、黒色のポリマルチを張るまでは基本の仕立てのとおり。株間を30〜40㎝あけて、切り苗を垂直植えにする。

STEP 2 支柱を立ててつるを誘引する

つるが伸び始めたら、支柱を立てて誘引する。つるや葉の重みがかかるので、横にも支柱を渡して交差する所をひもでしっかり縛り、斜めにも筋交いを入れて頑丈に作る。

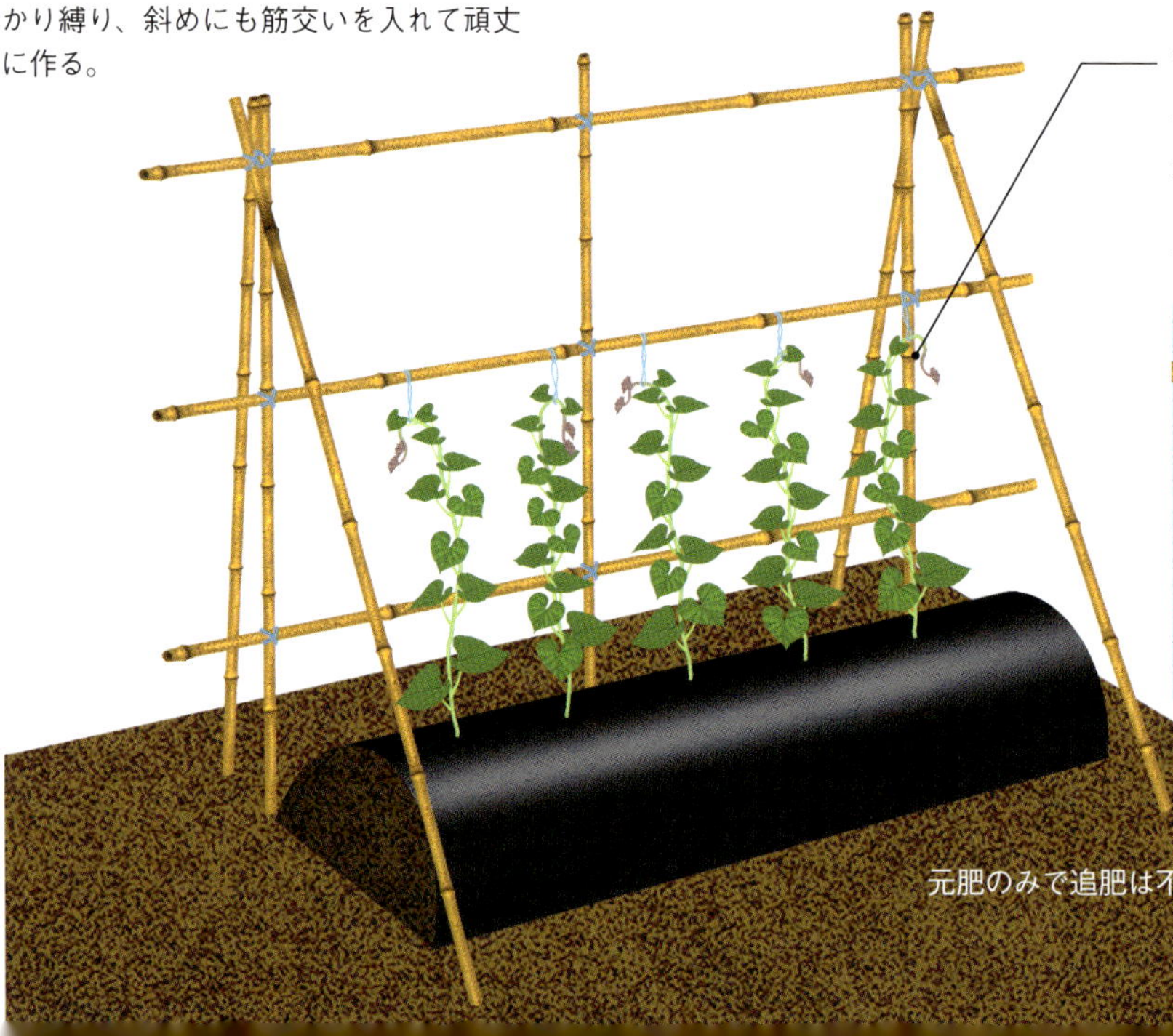

ひもでつり下げて誘引する

サツマイモには巻きひげがなく、みずから絡みつくことができないので、ひもをつるの節に掛け、8の字に交差させてから横支柱に誘引して絡ませる

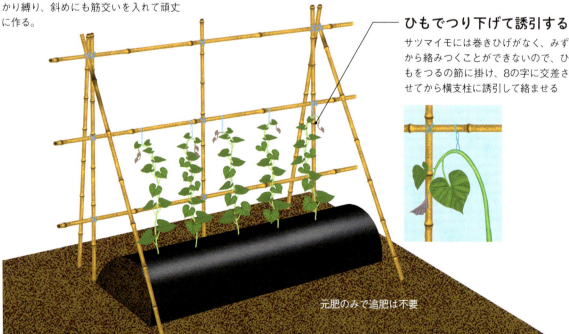

STEP 3 生長に合わせて横支柱につり下げる

つるが伸びるにしたがい、中段・上段の横支柱に誘引し、つるしていく。つるから出るわき芽は横支柱に誘引して絡ませる。

STEP 4 つるは摘芯せずに伸ばし続ける

つるが支柱の高さを超えたら、反対側に垂らす。

STEP 5 葉が黄色くなり始めたら収穫

葉が黄色くなってきたら、イモを掘り出す。イモが埋まっている所がすぐにわかるので、つる元を持って引っぱる。

コラム カボチャやスイカにも応用できる

支柱の強度を増したり、実が落ちないようにネットで支えたりすれば、カボチャやスイカでも、立体栽培は応用できる。スペースが狭いときなどによい。

ジネンジョ

ジネンジョは、栽培期間は長いものの、あまり手がかかりません。ジネンジョと同じ長根形のナガイモ、扁平形のイチョウイモ、塊形のヤマトイモは、同じヤマノイモ科の植物で、栽培法もほぼ同じです。貯蔵性が高いので、秋に収穫せずに、春まで畑に置いたままにしておけます。

萌芽を早めてそろいをよくするため、芽出し処理をします。種イモの切り口をよく乾かし、砂に埋めて暖かい場所で萌芽させます。よく耕されたふかふかの土を好むので、イモの形状に合わせた深さに耕します。

つるが伸びたら、支柱を立てて園芸用ネットを張って誘引します。

基本の育てワザ

- 種イモを分割して切り口をよく乾かしてから、芽出し処理をする
- 深さ1mくらいまでよく耕す
- 支柱を立ててネットを張り、つるを誘引する

基本の仕立て　トンネル誘引栽培

STEP 1 種イモの芽出しをする

種イモの頂部を切り落として1片約100gになるように切り分け、風通しがよく暖かい場所に置いて切り口を乾かす。次いで、発泡スチロール製の箱に砂を入れて種イモを埋め、暖かい場所に2〜3週間置いて芽出しをする。1個の種イモから複数の芽が出てきたときは、1本にする。

STEP 2 種イモを植えつける

深さ約1mまでよく耕す。元肥を散布して耕したのちに畝を立て、畝の中央に深さ10〜15cmの溝を掘る。芽の出た種イモを30cm間隔で並べ、種イモの上に5cmほどの土がのるように土をかぶせる。

STEP 3 芽かきで1本にしてわらを敷く

1株から複数の芽が出てきたら、草丈10cmくらいのときに太い芽を1本残してほかを切り取る。乾燥を予防するため、株元にわらを敷く。

STEP 4 支柱を立て、ネットを張る

つるが伸びてきたら、支柱を立てて園芸用ネットを張り、つるを誘引する。こうすることで、病害虫の発生が抑制され、生育がよくなる。イチョウイモ、ヤマトイモはトンネル支柱でよい。

STEP 5 追肥、収穫

追肥は6月と7月の2回、株のまわりに追肥する。葉が黄色く枯れたらつるや葉を切り、イモのわきにスコップを入れて土をやわらかくしてから引き抜く。イモが浅い所にできるので、傷つけないように注意する。

栽培データ

畝(1条植え)
畝幅：60〜100cm　株間：30cm

資材
支柱(長さ210〜240cmのもの、またはトンネル用支柱)
敷きわら、園芸用ネット、誘引用のひも

植えつけ時期
(一般地)4月上旬〜5月中旬
(寒冷地)4月中旬〜5月中旬
(温暖地)3月下旬〜4月下旬

裏ワザ 波板レール仕立て

こう変わる!

→斜めに埋設した波板の上にイモが伸びるので、深く耕さなくてもよい
→黒マルチには保温と雑草を抑制する効果があり、生育がよくて質のよいイモができる
→収穫しやすく、まっすぐで長いイモになる

栽培データ

畝(2条植え)
畝幅：60〜70cm　株間：30〜40cm
＊長さ121cm、幅32.5cmに切った塩化ビニール製の波板6枚をずらして埋設する

資材
支柱：長さ180〜210cm
ポリマルチ、園芸用ネット

96ページのゴボウの仕立て方のように、波板を使う栽培法で、ジネンジョやナガイモのような、長根系のイモに向いています。通常は深さ1mほども深く耕すのにたいして、掘り返すのは30〜40cmほどですみます。

ポイントは、波板の端に差した割り箸を目印に種イモを植えつけること。根は伸びるとすぐ波板に当たり、地中に設置した波板に沿ってまっすぐに伸びるようになります。

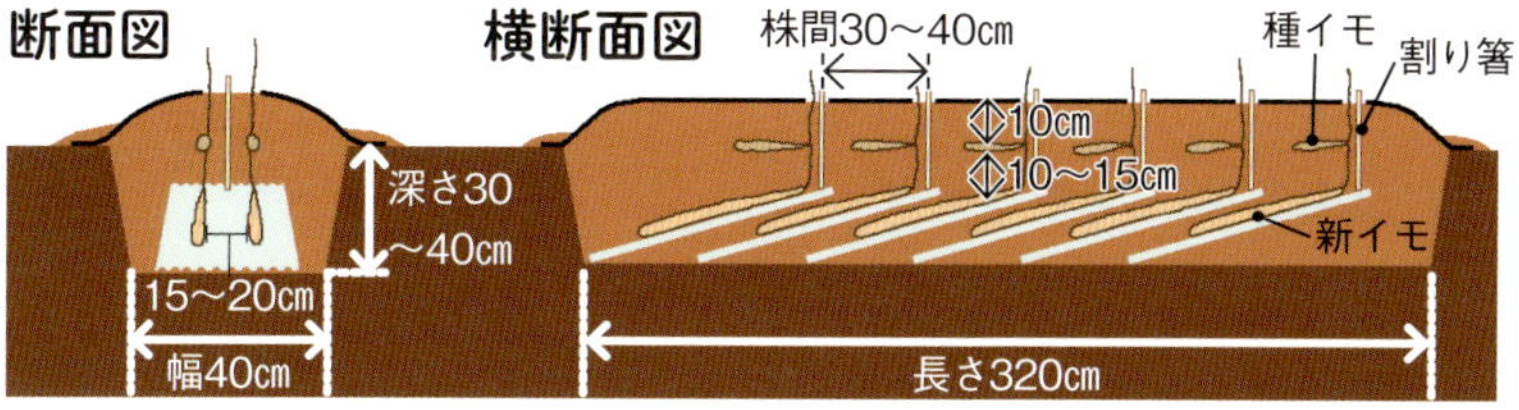

STEP 1 土づくり、波板の設置

畝全体を深さ30〜40cmまで掘り下げる。畝の端に10〜20度の角度をつけて1枚めの波板を立てかけ、10cm以上の土をかける。種イモを植えつける場所の目印にするため、波板の先端に割り箸などを差しておく。その上に、2枚めの波板を30〜40cmずらしてのせて割り箸を立て、上に10cmほど土をかける。同様に6枚の波板を埋設し、穴を埋め戻して平らにならす。

STEP 2 種イモを植えつける

種イモは2列植えにする。割り箸を差した場所(波板の先端部)に、15〜20cmの間隔をあけて種イモを並べる。種イモの上に5〜10cmほど土をかぶせて元肥を散布し、黒マルチを張る。芽がスムーズに地上に出られるよう、割り箸の先端辺りを15cmほどカッターで切り裂いておく。切り裂いた場所から芽が出てこないときは、周囲を探ってマルチの外に芽を引き出す。

STEP 3 支柱を立ててネットを張る

つるが伸び始めたら、支柱を合掌式に立てて園芸用のネットを張る。初めにネットに絡ませれば、あとは自然につるははい上っていく。

STEP 4 追肥、収穫

植えつけの約2か月後と、さらにその1か月後、畝のまわりに追肥する。地上部が枯れたら支柱やネットを取り除き、地際でつるを切ってマルチを剥がす。割り箸の周囲の土を少しずつかき出し、波板が見えてきたら、イモを傷つけないように土を崩して引き抜く。

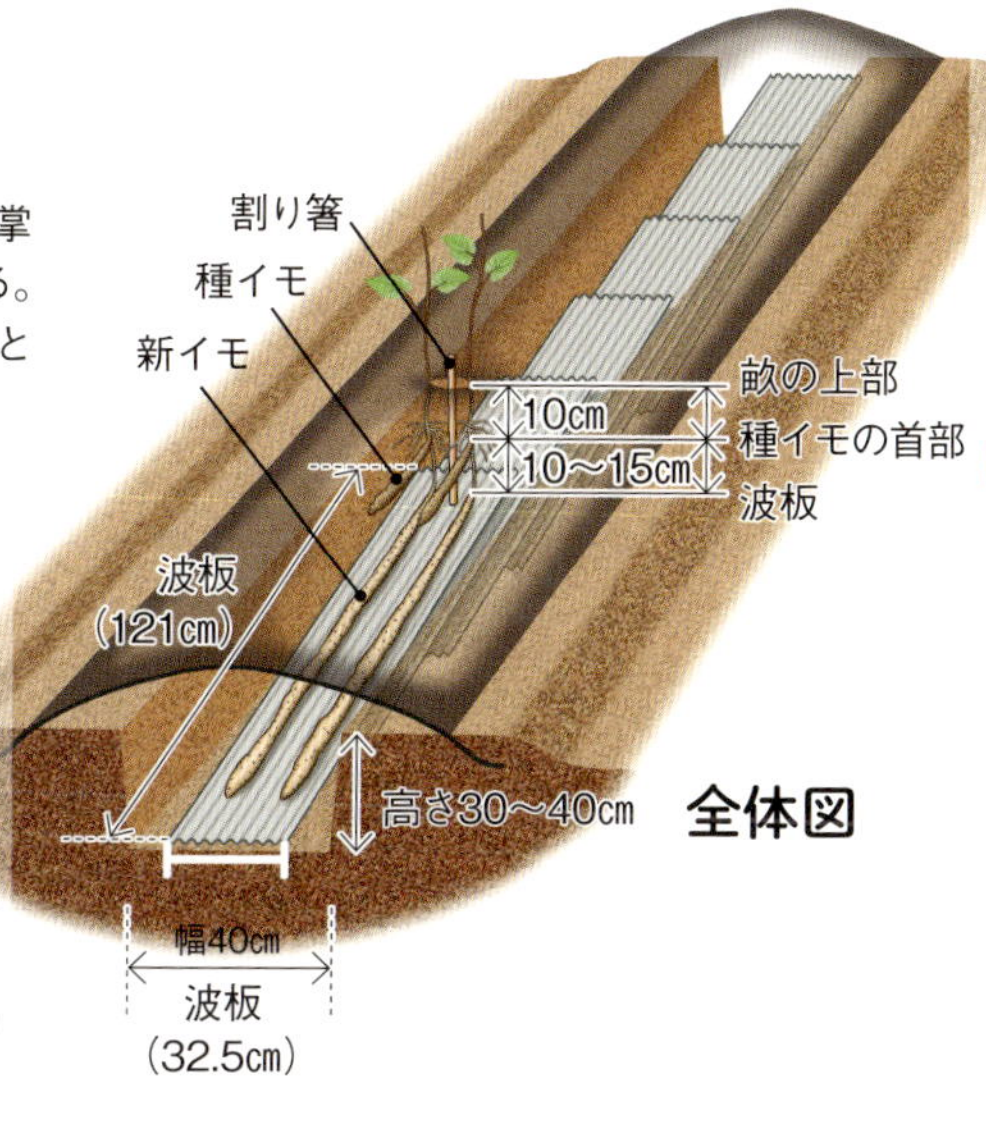

畑づくりの基礎知識

よりおいしい野菜を育てるためには、一般的な畑づくりの基礎を知ることもだいじです。ここでは、土づくりから仕立てまでの基本を、イラストでわかりやすく紹介します。

土づくり・植えつけ・施肥の基本

作付けの前に、約2週間かけて、野菜を育てるための環境づくりをします。多くの野菜はpH6.0～6.5の弱酸性の土を好みますが、日本の土は酸性に傾きやすいのが特徴です。そのため、約2週間前に石灰質資材を投入して、土とよく混ぜて土壌酸度を整えます。1週間前に、完熟堆肥と元肥（肥料）をまいてよく耕し、畝を立てます。堆肥を入れると微生物の働きがよくなり、土もふかふかになって、野菜づくりに適した土になります。

元肥で使う肥料の種類と分量は野菜によって変わります。野菜の生育に必要な全施肥量の半分程度を元肥に、残り半分を追肥として与えるようにします。

A 畝幅
広くとりすぎると作業がしにくくなる。通路から無理なく手が届いて作業しやすい幅に立てる。

育てる品種や土地の形状などにもよるが、基本的に畝は南北に立て、日ざしがまんべんなく当たるようにする。土地に傾斜がある場合は、等高線に合わせて立てる

C
A
B
B
D
心土 作土より下の土。かたく締まっていて、野菜の根が伸びにくい。

D 作土
畑の浅い部分の土で、耕土とも呼ぶ。耕うんしたり作物の根が張ることで、やわらかな土になっている。

C 畝
土を盛り上げることで、水はけや通気性がよくなる。また盛り上げた分作土が増えるので、根の張りがよくなる。

B 通路
広めの50～60cmほどにとると、日当たりや風通しがよくなり、野菜の育ちがよくなる。追肥や収穫作業の能率も上がる。

平畝と高畝

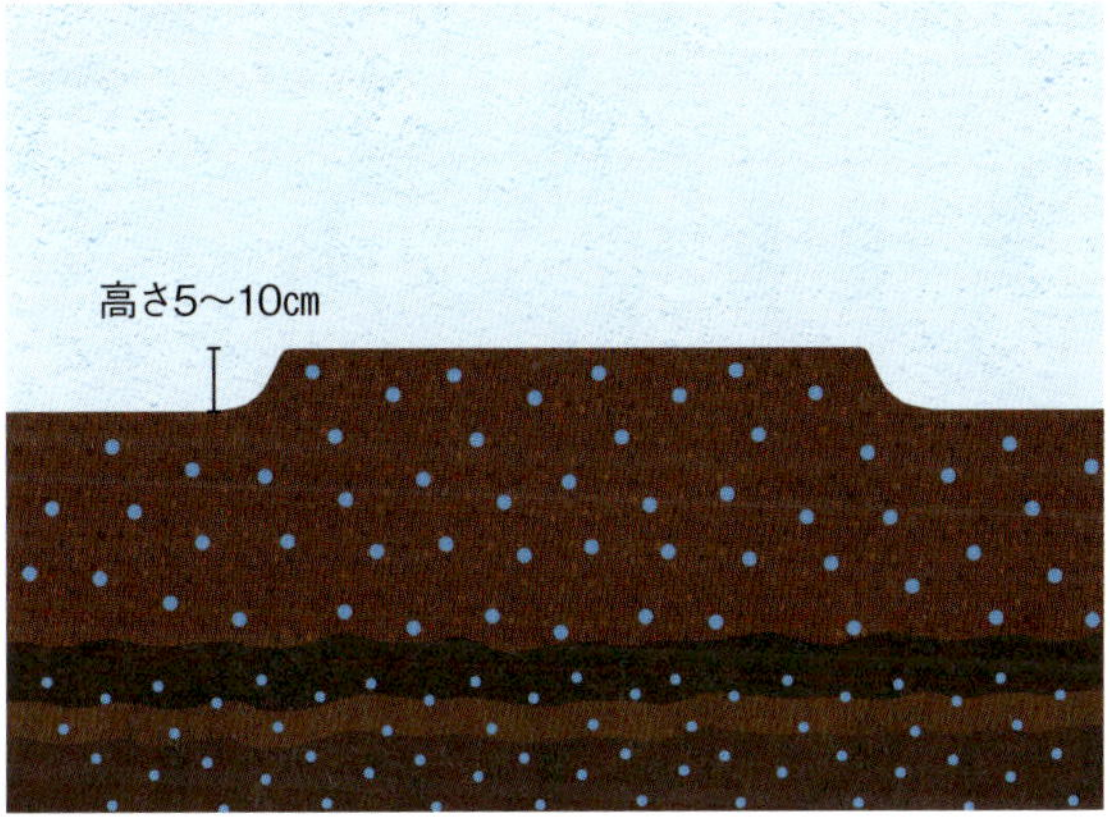
高さ5〜10cm

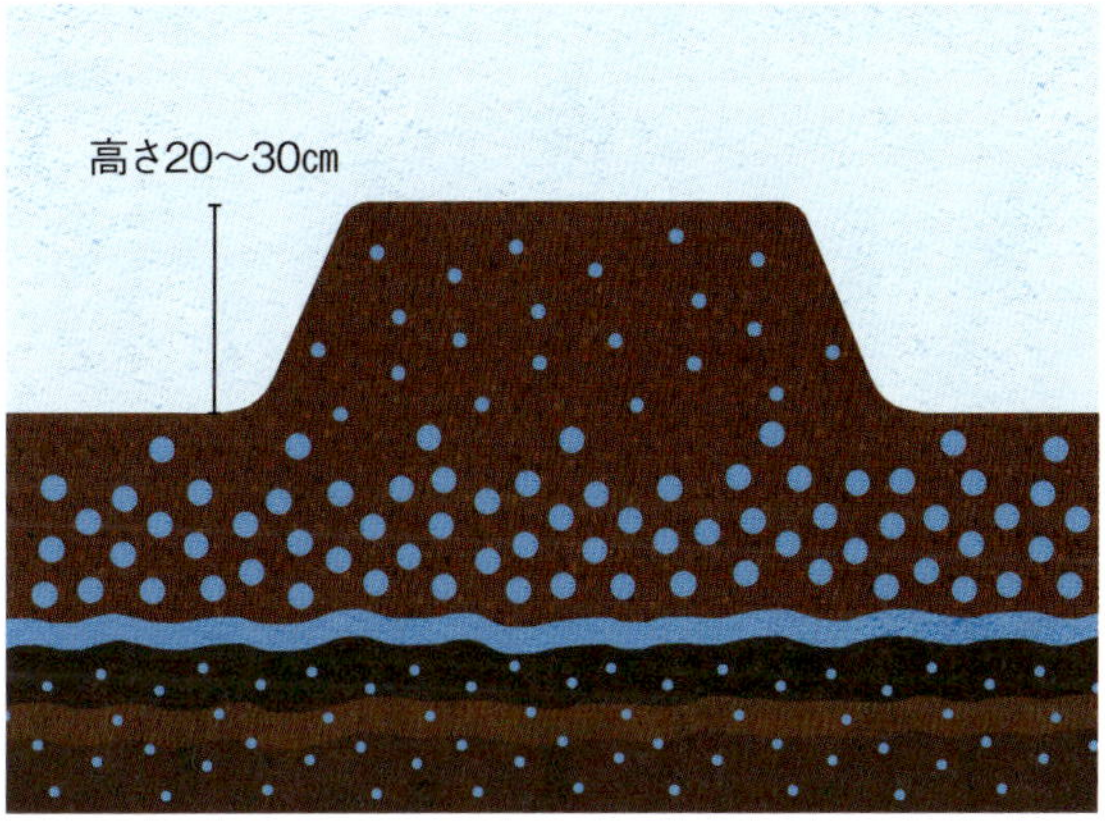
高さ20〜30cm

平畝 一般的に用いられている畝。水はけのよい畑で、適度な湿りけを好む野菜を育てる場合に用いる。

向く野菜 →ナス、ピーマン、キュウリ、エダマメ、インゲン、コマツナ、ホウレンソウ、カブ、ニンジン など

高畝 乾燥を好む野菜、根が長く伸びる根菜類を栽培する場合や、その他の野菜でも畑の水はけがよくないときにも用いる。

向く野菜 →トマト、サツマイモ、スイカ、ダイコン、キャベツ、ブロッコリー、ハクサイ など

種まき・植えつけ

種まきの場合

色形や味の違いのほか、作りやすさ、病気や害虫への抵抗性、耐病性など、さまざまな特性を持った品種があるので、好みのものを購入する。同じ野菜でも栽培期間が異なり、短期間でできるものを早生種、時間がかかるものを晩生種、その中間が中生種と、3区分に大きく分けられる。初心者は作りやすくて短期間でできる早生種がおすすめ。

種まきのさいは、適度な水分量を保つことがポイント。多すぎても少なすぎても発芽に影響する。土が乾いているときは、前日にたっぷりと畝に水やりしたうえで種をまき、湿った土をかぶせて手のひらで軽く押さえる。

植えつけの場合

苗の良しあしがその後の生育を左右するので、苗選びはとても重要。葉が生き生きとして張りがある、病気や害虫の被害がないなど、見た目の健康度に加えて、苗の大きさ（生長段階）、葉の枚数、つぼみや花の状態もチェックする。「本葉○〜○枚」「草丈○〜○cm」「1番花がつぼみか咲き始め」など、野菜ごとに植えつけに適した苗の大きさがある。

果菜類には、種から育てた「自根苗」と、耐病性などを持つ台木に接いだ「接ぎ木苗」がある。連作などによる土壌伝染性の病害が心配されるときは、自根苗に比べて割高だが、接ぎ木苗がおすすめ。

施肥

根の先端の少し先に施せば、根が肥料分を求めて広がっていく

追肥

養水分を吸収するのは、おもに根の先端付近にある根毛。そのため、肥料は株元ではなく、根の先端の地上部に施す。根の先端の位置は、地上部の茎葉の外周あたりで見当をつける。

栽培期間中に必要とする施肥量は、野菜ごとにおおむね決まっている。全量を元肥として与えると、肥料濃度が高くなって肥料焼けを起こしたり、流亡して無駄になったりするので、元肥と追肥に分けるのが一般的。植えつけの約1か月後から、様子をみながら2〜3週間おきに追肥する。

全層施肥（元肥）

畝を立てる部分全面に肥料をばらまき、全体をよく耕して土と混ぜて畝を立てる。

向く野菜 →ダイコン、ニンジン、カブ、コマツナ、ホウレンソウ など

溝施肥（元肥）

野菜の真下に、深さ・幅ともに20cmほどの溝を掘る。そこにまんべんなく肥料を入れて埋め戻し、畝を立てる。

向く野菜 →トマト、ナス、ピーマン、キャベツ、ハクサイ など

マルチング・べた掛け・トンネルの基本

農業資材を上手に使うことで、生育が促進され、質のよい野菜ができるようになります。

畝の表面を資材で覆うことを「マルチング」、または「マルチ」と呼び、ポリフィルムやわらなどが使われます。ポリエチレン製のマルチは、作付けの前に畝に張ることで、地温や水分量の調節、雑草が生えにくくなるなどの、複数の効果があります。生育中に株元に敷くわらや刈り草は、地温の上昇を抑えるなどの効果がある天然資材です。

べた掛けやトンネルで株全体を覆うと、保温効果が高まり、発芽や生育が促進されます。季節を問わず使えて、害虫予防、防風、保湿、遮光などにも効果があります。

A 病害虫の予防
雨などによる泥の跳ね上がりを抑え、茎葉につくのを防ぐ。それにより、土中の病原菌によるトマトやナスの疫病、キュウリのべと病などの発生を予防できる。また、シルバーマルチなど光を反射するものは、反射光を嫌う性質を持つアブラムシなどの飛来を防ぐ効果がある。

マルチングをした場合
地温の調節や乾燥防止、土の固結防止などの効果で、育ちがよくなる
マルチングをしなかった場合
雑草に肥料分を取られたり、土が固まったりして、育ちが悪くなる
A
F
C
B
D
E

B 雑草の抑制
光をとおしにくいタイプを用いれば、雑草の種の発芽が抑えられる。芽生えても、光合成ができないので枯れる。

C 地温の調節
気温の低い時期に地温を上げて生育を促したり、逆に気温が高い時期に地温が上昇しすぎるのを抑えて根がダメージを受けたりするのを防ぐ。

D 土の固結防止
土の表面に風雨が当たらないことで、土が固まったり、浸食されたりするのを抑える。団粒構造が壊れにくいので、ふかふかの土が長く維持される。

E 肥料の流亡防止
水に溶けやすい肥料成分が雨によって流れ出るのを防止する効果があるので、肥料の無駄がなくなる。

F 乾燥防止
地表面から水が蒸発するのを抑え、土の乾燥を緩和する。

マルチフィルムの張り方

マルチフィルムは、畝の表面を平らにならしてぴったりと張るのがコツ。剥がれないように、裾を土に埋め込んでしっかりと固定する。フィルムの色によって効果が異なるので、期待する効果に合ったものを選ぶ。

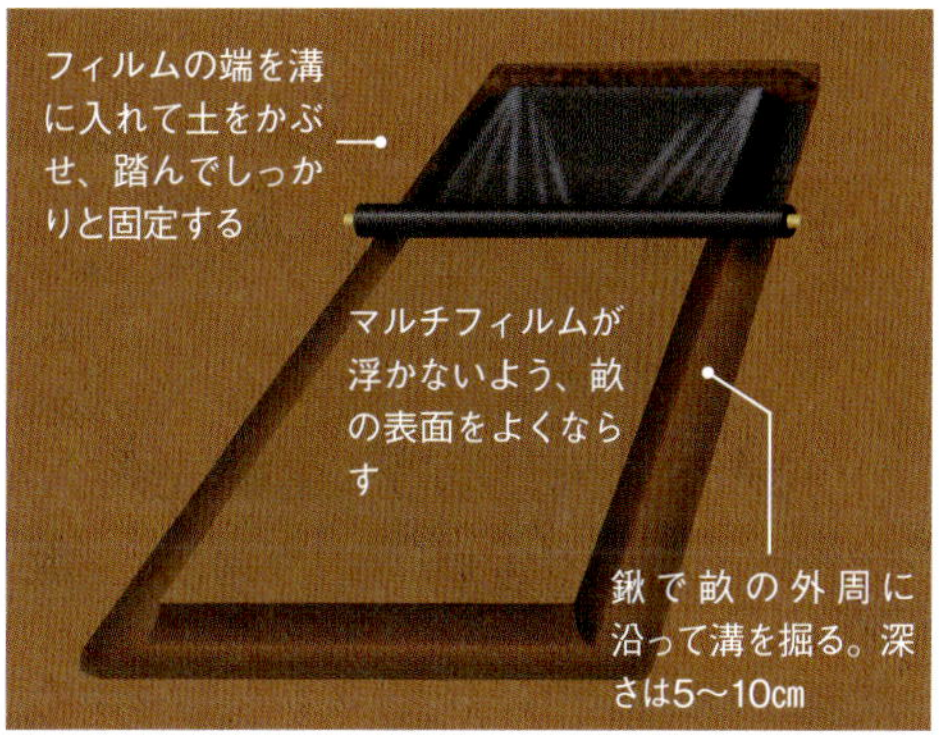
フィルムの端を溝に入れて土をかぶせ、踏んでしっかりと固定する
マルチフィルムが浮かないよう、畝の表面をよくならす
鍬で畝の外周に沿って溝を掘る。深さは5〜10cm

STEP 1 **溝を掘り、フィルムの端を固定する**

畝の周囲に、マルチフィルムを埋めるための溝を掘る。そして、畝の一端にマルチフィルムの端をのせ、土で押さえて固定する。

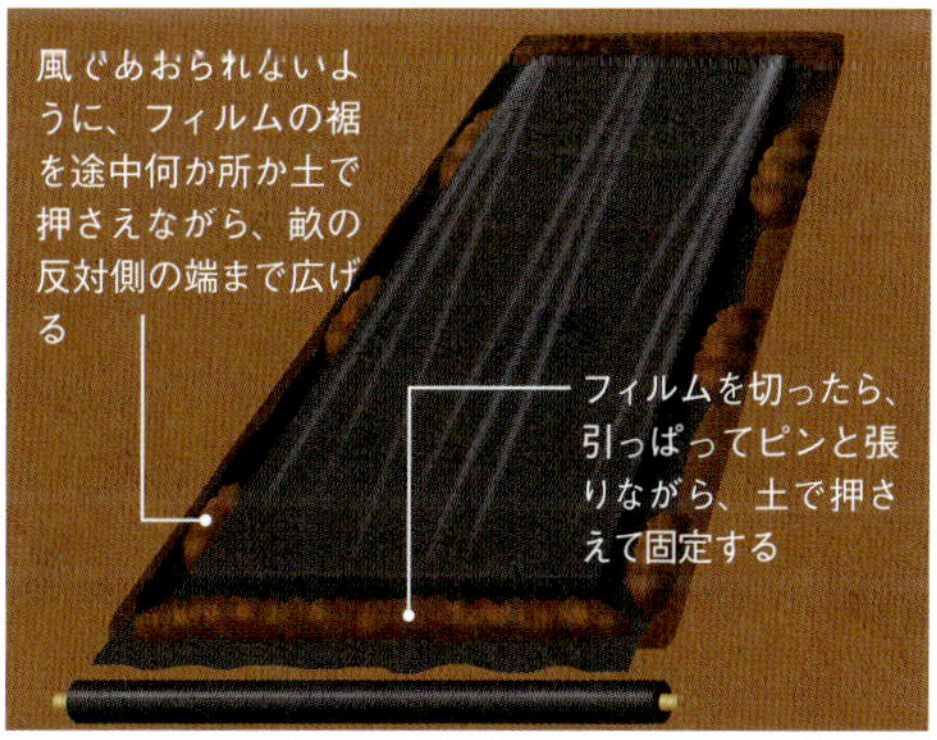
風であおられないように、フィルムの裾を途中何か所か土で押さえながら、畝の反対側の端まで広げる
フィルムを切ったら、引っぱってピンと張りながら、土で押さえて固定する

STEP 2 **マルチフィルムを広げる**

畝全面を覆うようにフィルムを広げる。左右にずれないように注意する。フィルムを切り、端を土で押さえる。

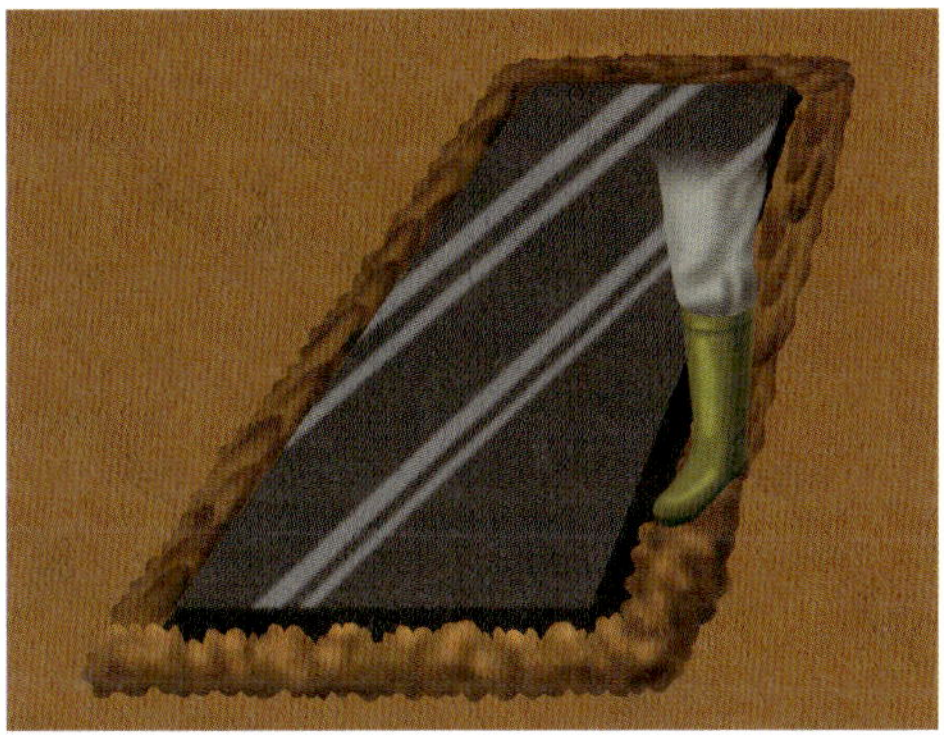

STEP 3 **フィルムの裾を土で留める**

フィルムの裾を溝に入れ、土で押さえる。フィルムを顔が映るくらいピンと張り、風に飛ばされないようしっかりと固定する。

被覆資材のべた掛け・トンネル

野菜の上に掛けるのが、べた掛けとトンネル。畝に直接掛けるべた掛けは、種まき時や幼苗期の生育促進に使うと効果的。高さのあるトンネルは、内部に広い空間ができるため、べた掛けよりも野菜の生長に対応できる。

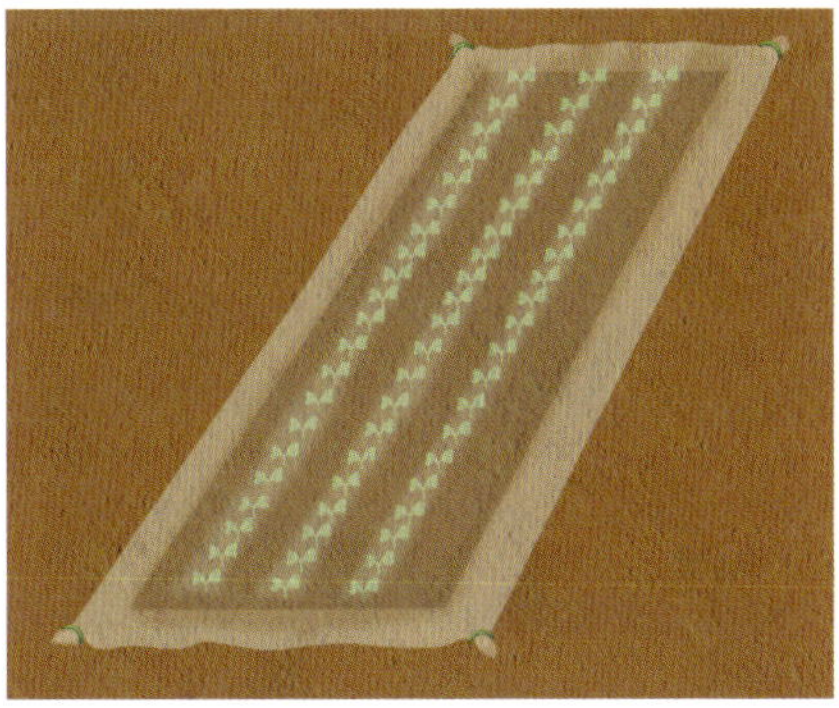

べた掛け

べた掛けは、野菜の上にじかに資材を掛けること。軽くて通気性がよく、水も通す不織布がおもに用いられる。周囲を土に埋めるか、ペグなどで留めて剥がれないように押さえる。保温や霜よけ、防虫、防鳥などの効果がある。

トンネル

畝をまたぐように半円形の支柱を差し、その上にトンネル用の資材をかぶせて、かまぼこ形の空間をつくる。被服資材には、通気性のある寒冷紗や防虫ネットのほか、保温効果の高いビニール製やポリエチレン製などがある。

支柱の立て方の基本

草丈が高くなるトマトやキュウリなどは、支柱を立てて枝やつるを誘引する仕立て方が一般的です。茎葉が茂ると重くなり、果実が実るとさらに荷重がかかるので、支柱を頑丈に組み上げます。

育てる株数と面積によりますが、苗を2条植えにして合掌式に支柱を立てるのが、風に強くておすすめです。支柱を深さ30㎝くらいまで土に差し込み、畝の両側から差した支柱を中央上部で交差させます。交差部に横に支柱を渡して補強し、支柱と支柱の交差部をひもで結束します。

ひもは緩みなくしっかり掛けて縛ります。横にぐらぐらする場合は、筋交いを加えてがっちりと固定し、さらに強度を加えます。

合掌式支柱の作り方

2条植えのトマトやキュウリに向いた立て方です。
両手のひらを合わせたような形から、合掌式と呼びます。

STEP 1 位置を決める

畝幅60〜70㎝、株間40〜50㎝ほどの間隔で支柱を立てる位置に目印をつける。マルチフィルムを敷く場合は、支柱を立てる前に敷いておく。

STEP 2 支柱の長さを決める

使用したいサイズの支柱を、株の数と横に通す分だけ用意する。土に差し込む分を30〜40㎝見越して長さを決める。

支柱の先端

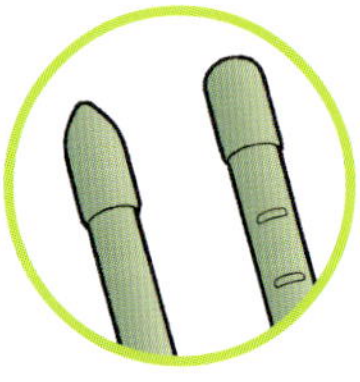

とがっているほうを土に差す

STEP 3 斜めに差し込む

畝の肩の部分から、内側に向かって深さ30〜40㎝の所まで差し込む。

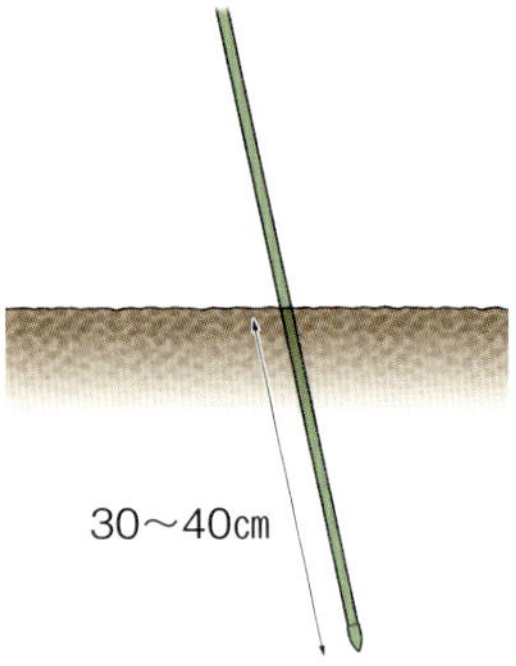

STEP 4 40 〜 50㎝間隔でそろえる

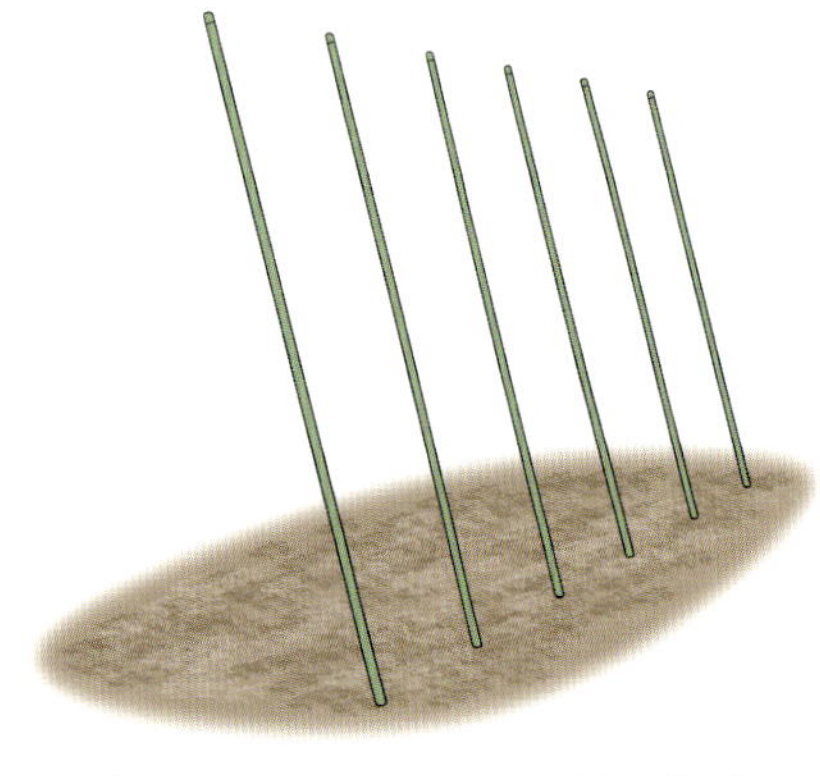

差し込む角度をそろえて、40〜50㎝間隔で差し込んでいく。角度はあとで微調整できるので、神経質になる必要はない。

筋交いの作り方

風の強い場所などでは、筋交いを差して補強し、左右にぶれるのを防ぎます。

条間のちょうど真ん中の、株の生長に支障のない所に、120〜150㎝の支柱を斜め45度の角度で側面から差し込む。45度の角度を保ったまま、筋交いを手前の支柱に結びつける。水平方向に軽く揺すり、横方向の強度を確認する。

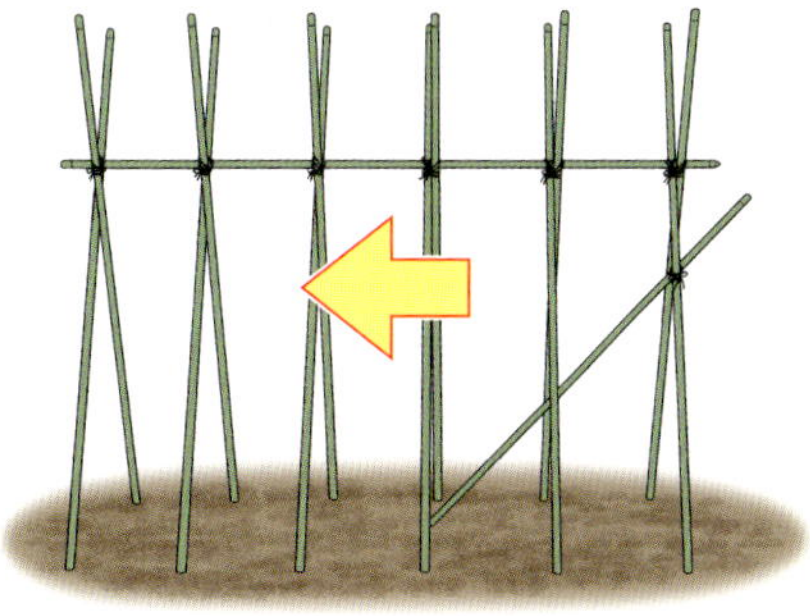

反対側にも筋交いを差したら、逆方向への強度も確認する。

苗を植えつけるポイント

手前側は支柱の右側、奥は支柱の左側に苗を植えるなどして、株間を均等に保つ。

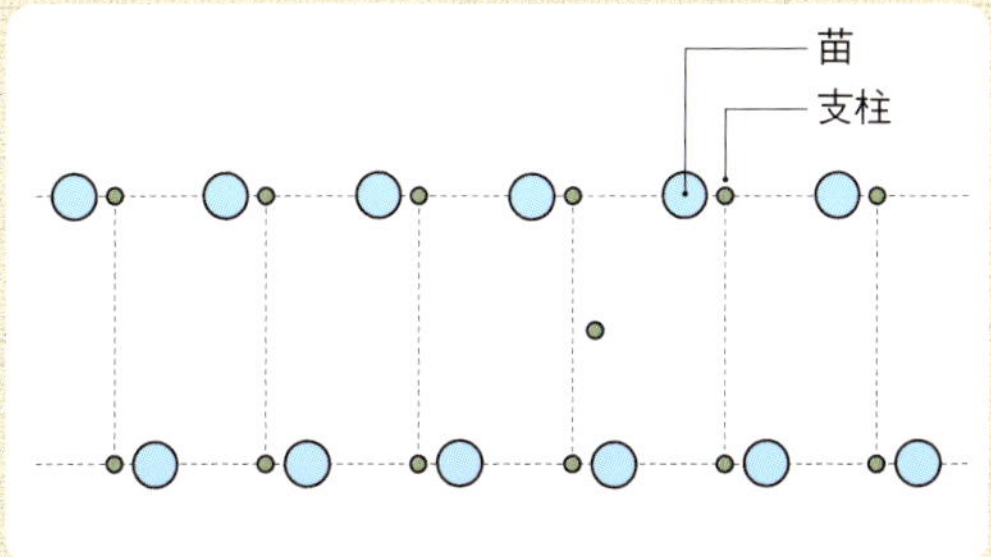

STEP

5 左右対称に差し込む

反対からも同様に支柱を差し、目の高さで交差させる。交差させる位置が高すぎると作業効率が悪くなり、低すぎると支柱のバランスが悪くなる。

STEP

6 角度と位置をそろえる

基本の骨組みの完成。支柱の角度をそろえ、交差する高さを合わせる。

STEP

7 支柱を横に通す

交差部にのせるように、横向きに支柱を置き、ひもで結束する。一方から順に結んでいかずに、初めに両端を結ぶと、高さをそろえやすい。

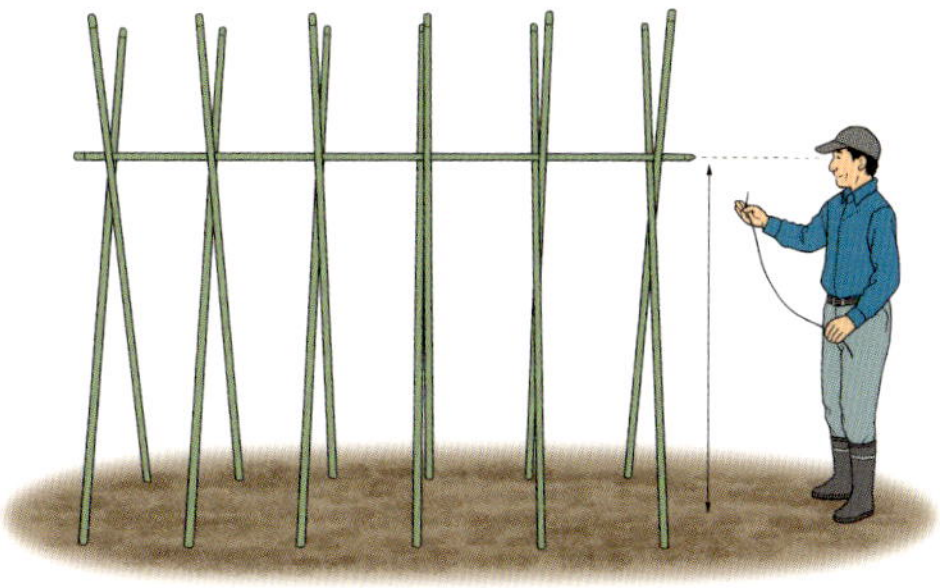

STEP

8 強度を確認する

支柱を軽く揺らし、横支柱によって垂直方向の強度が増していることを確認する。水平方向が不安定なら、筋交いを差す。

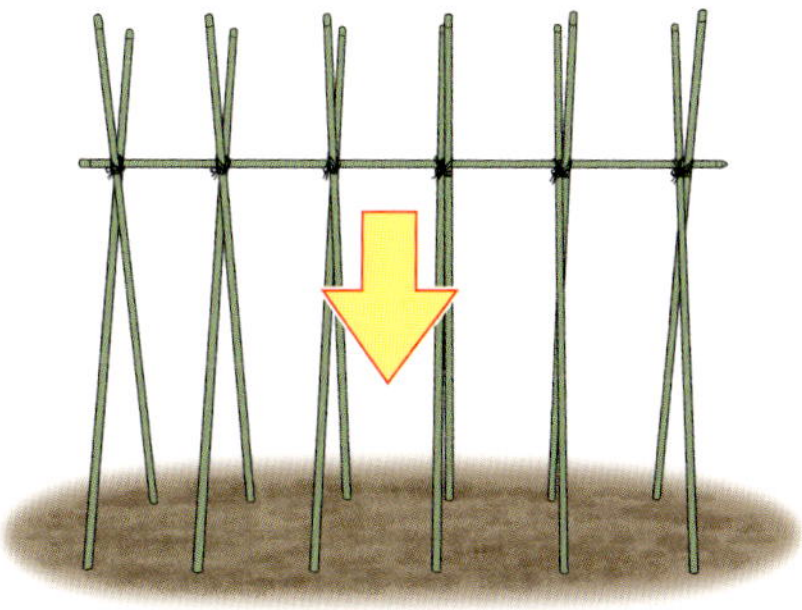

ひもの結び方の基本

合掌式支柱の作り方

もっとも頑丈な結び方です。3方向から交差する3本の支柱を一つにまとめるため、「2本ずつ固定して中心を通す」ことを繰り返します。

STEP
❶ ひもを選ぶ

すべりにくい麻ひもなどを選び、長さ100〜120cm分を用意する。

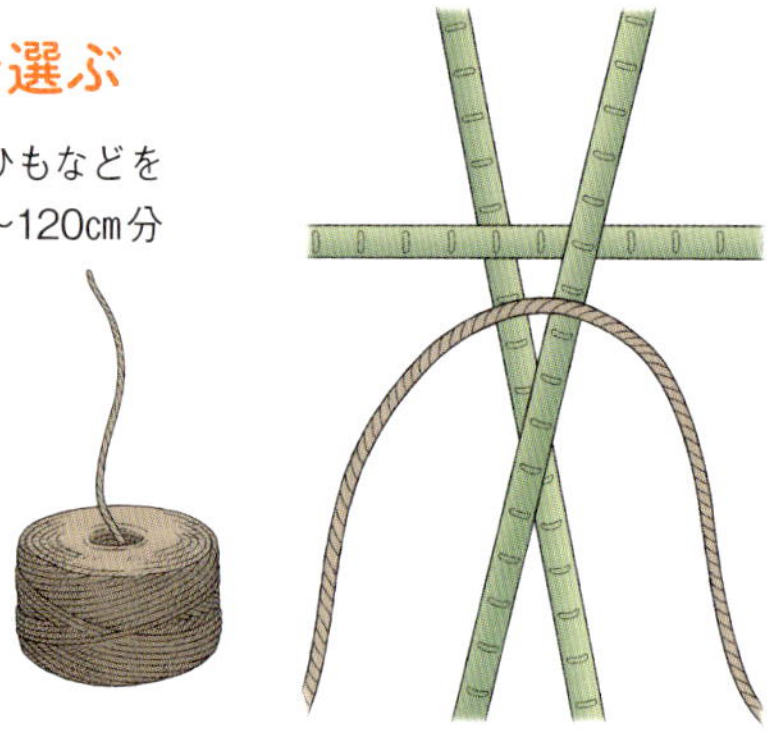

STEP
❷ 横に2巻きする

AとBの支柱の交差部近くにひもを掛けて2巻きする。

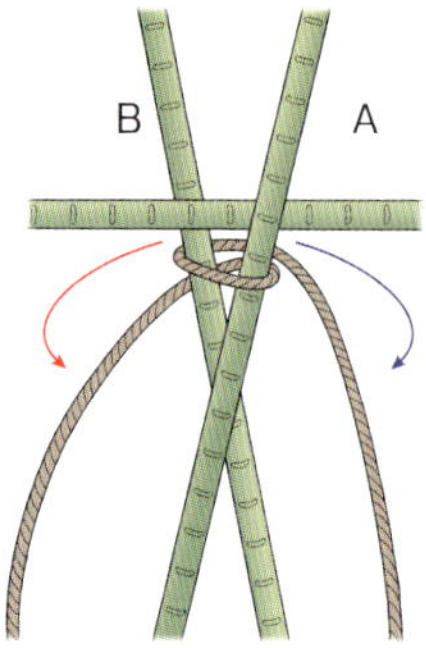

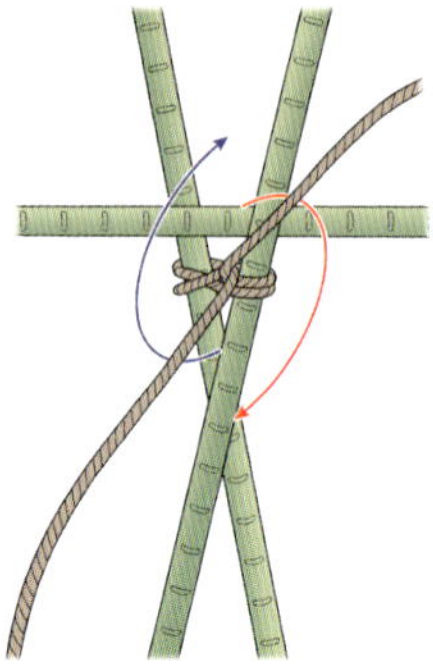

STEP
❸ 右斜めに2巻きする

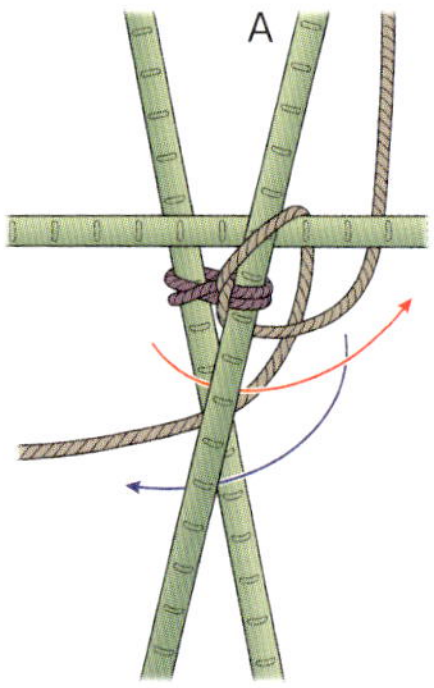

AとCの交差部にひもを掛けて2巻きする

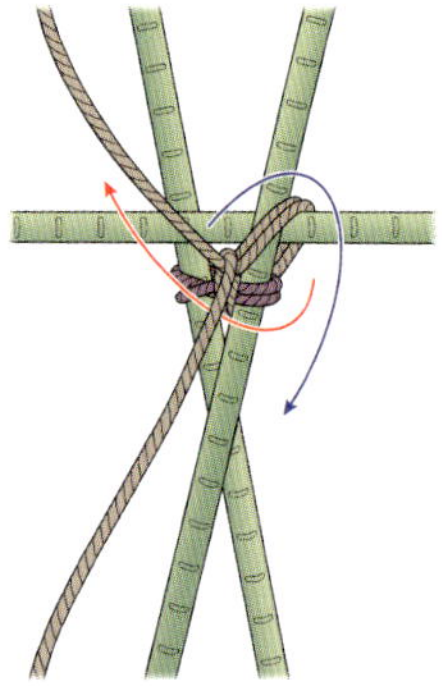

しっかりと締めたら、中心に通してひと結びする

STEP
❷ 左斜めに2巻きする

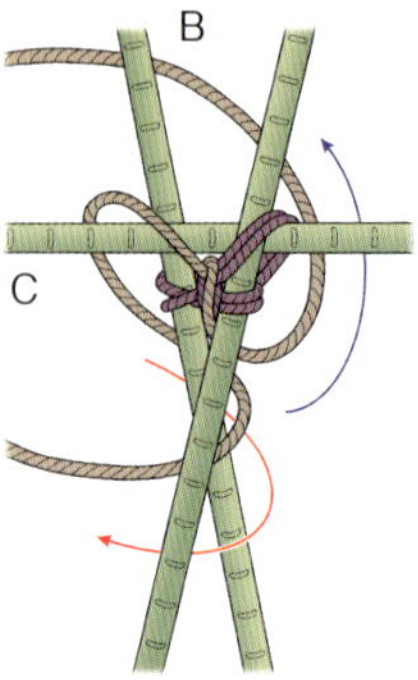

BとCの交差部にひもを掛けて2巻きする

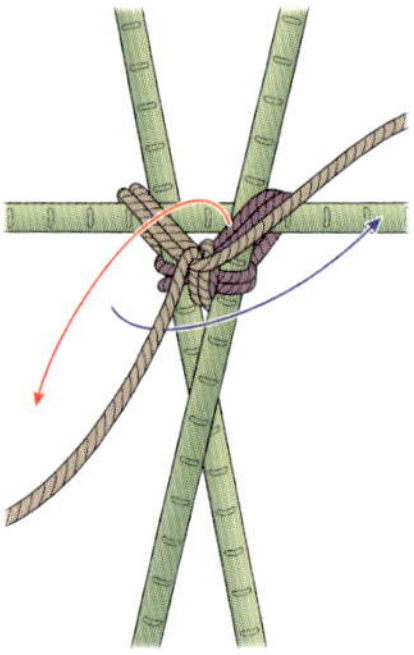

しっかりと締めたら、中心に通してひと結びする

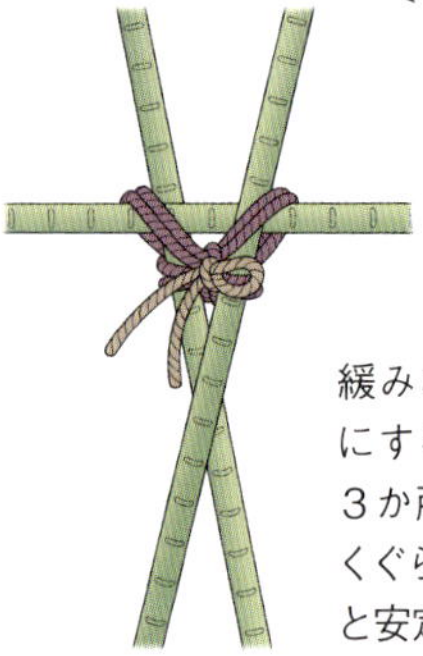

緩みなく締めて片結びにする。3本の支柱を3か所で留めて中心をくぐらせれば、しっかりと安定する

●もっと丈夫にしたいとき

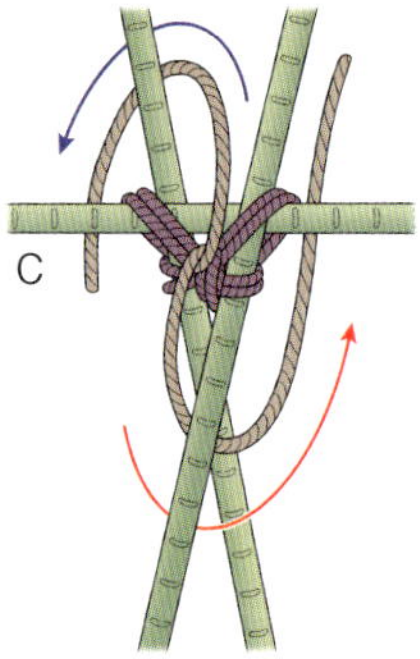

さらに強度を増したいときは、Cとひもの結び目の中心にひもを通してもよい

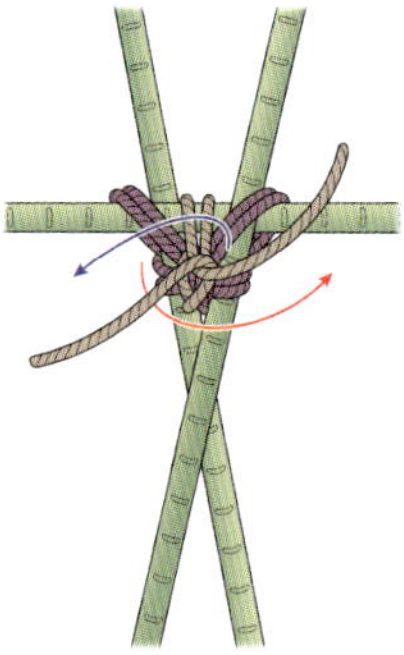

縦に2巻きしてぎゅっと締める

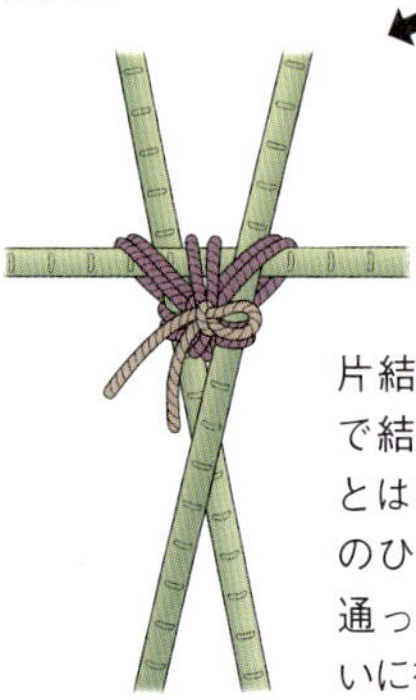

片結びにする。ここまで結べば、まず緩むことはない。各方向からのひもがすべて中心を通っているため、たがいに補強し合う

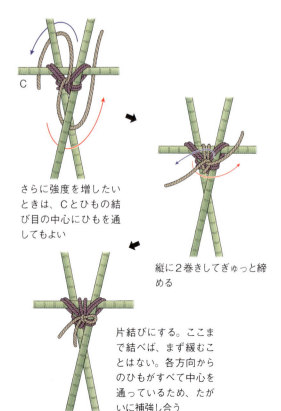

ひも同士の結び方

結びやすくほどきやすい結び方を、2種類紹介します。

ちょう結び

STEP 1 長さ50〜60㎝のひもを使って、2本の支柱の交差部に横方向にひもを掛ける。

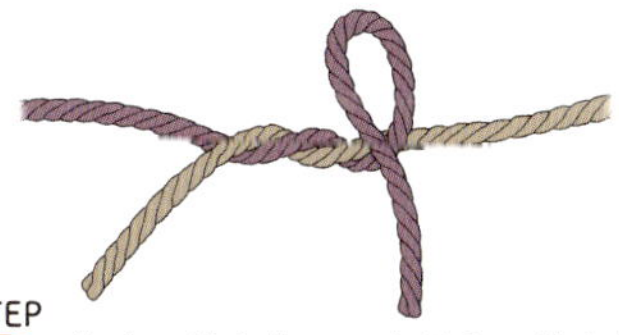

STEP 2 片方に輪を作る。支柱との結束部分をしっかりと締めて、指で押さえながら結ぶ。

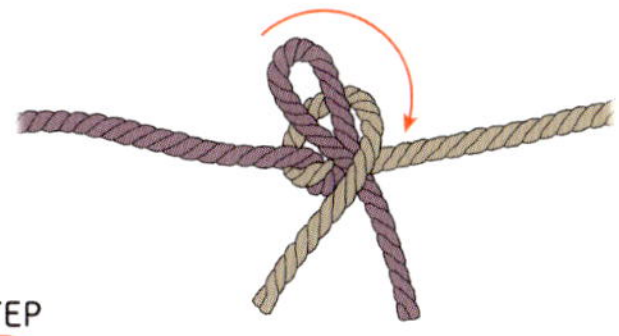

STEP 3 もう一方のひもの端を輪に回しかける。

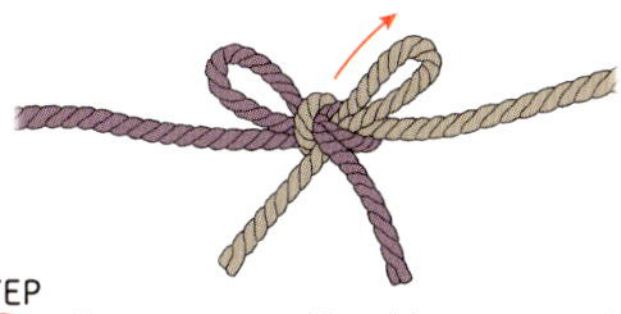

STEP 4 後ろにできた輪に折りたたんだひもの端をくぐらせ、左右に引いてしっかりと結び目を締める。

片結び

STEP❶〜❸は同じ

STEP 4 後ろにできた輪に端をくぐらせて結び目を締める。

筋交いの結び方

つるや枝を誘引するために立てた支柱に、補強用の支柱を斜めに差し込んだ場合の結びつけ方です。

STEP 1 横に2巻きする

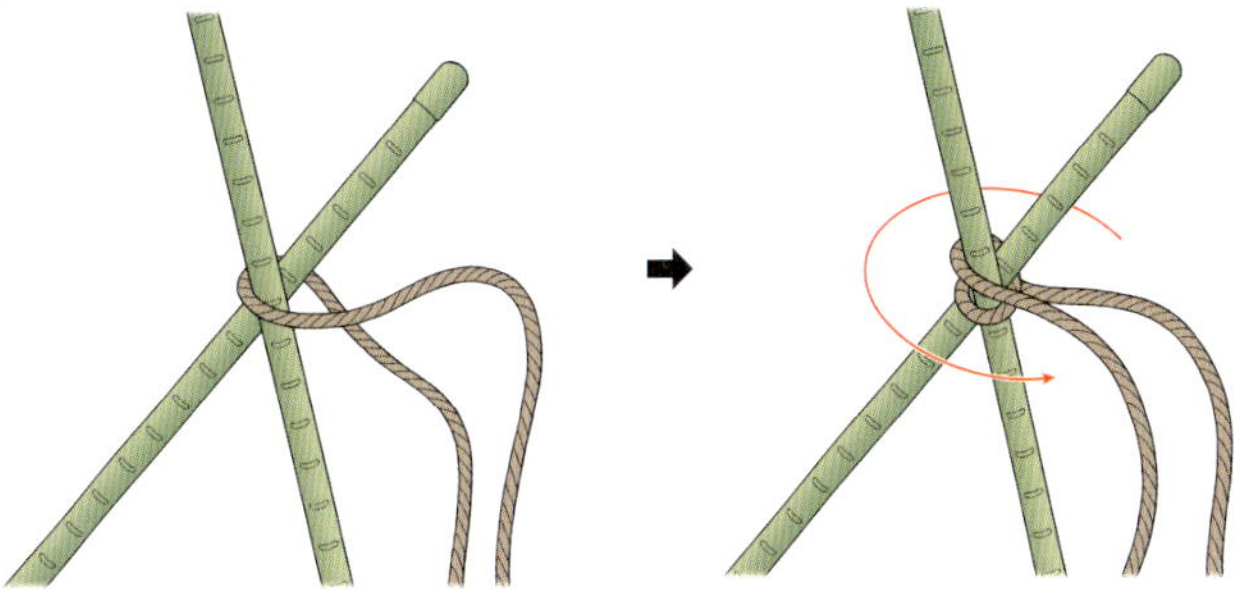

長さ50〜60㎝のひもを使って、2本の支柱の交差部に横方向にひもを掛ける

2巻きしてよく締め、ひと結びする

STEP 2 縦に2巻きする

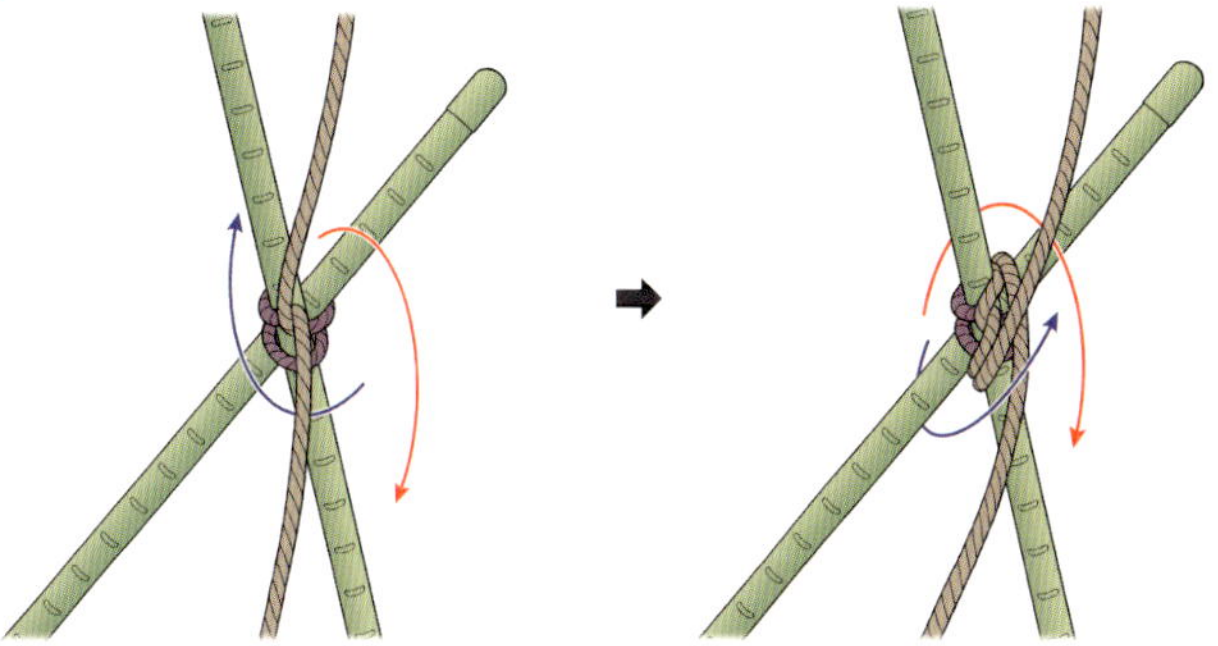

縦方向にひもを掛け直す

2巻きしてよく締め、ひと結びする

STEP 3 側面から縦に2巻きする

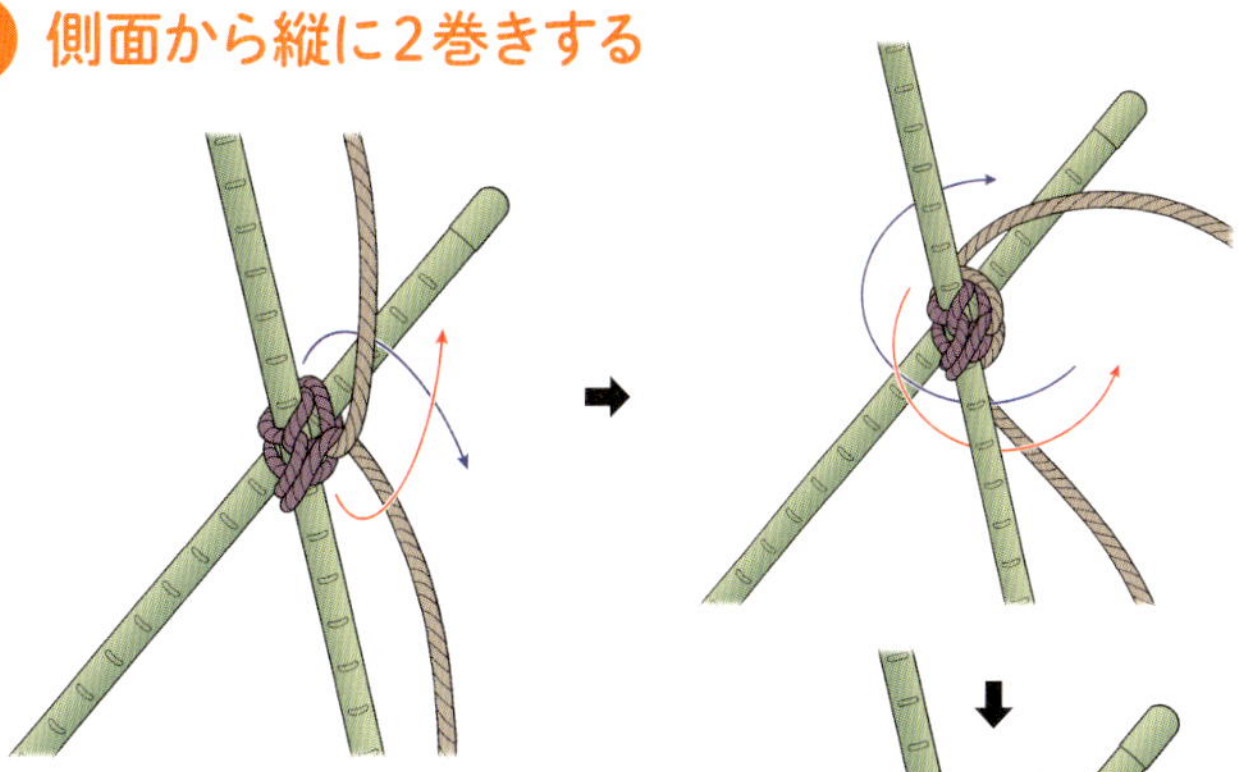

ひもを縦にしたまま、2本の支柱の間を2巻きしてよく締める

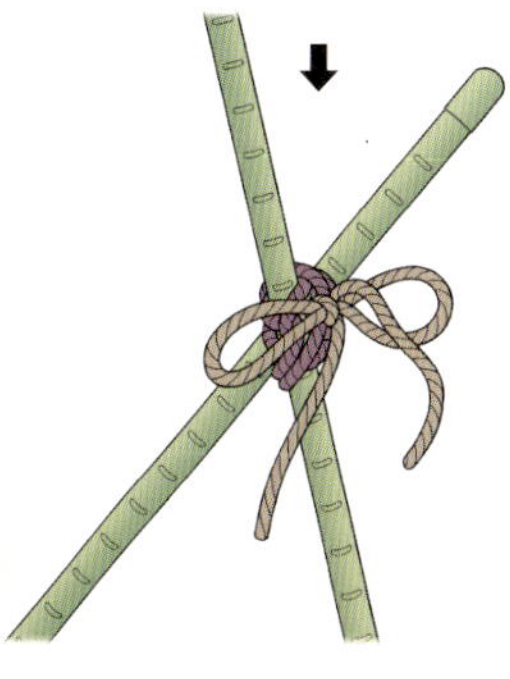

ちょう結びにして、完成。縦、横、斜めの3方向から結束される

スタッフ

監修者	麻生健洲
編集協力	豊泉多恵子
イラスト	山田博之、小田啓介、前橋康博、若松篤志、笹沼真人、勝山英幸
写真	瀧岡健太郎、大鶴剛志、菊地 菫（家の光写真部）
校正	佐藤博子
デザイン	コンボイン
ＤＴＰ制作	明昌堂

栽培指導

麻生健洲（P14-15、26-27、30、34-35、38-39、44-45、50、52-54、56-57、62-63、66-67、78-81、86-88、94-99、102-107）
伊東 久（P18-19、74-75、100-101）
五十嵐 透（P55、68-69、104-105、108-111）
川城英夫（P36-37、64-65）
木嶋利男（P16-17、89、90-91）
豊泉 裕（P22-23、72-73）
根岸 稔（P12-13、28-29、31、40-41、58-59、70-71、82-83）
藤田 智（P10-11、24-25、32-33、60-61）
本多勝治（P42-43、46-47、51）
元木 悟（P48-49、84-85）
涌井義郎（P20-21）
渡邉俊夫・澄江（P76、92）
加藤哲郎（P105）

よく育つ！ よく採れる！
超図解 野菜の仕立て方の裏ワザ

2018年3月1日 第1版発行
2022年6月6日 第7版発行

編　者 『やさい畑』菜園クラブ
発行者 河地 尚之
発行所 一般社団法人 家の光協会
〒162-8448 東京都新宿区市谷船河原町11
電話 03-3266-9029（販売）
03-3266-9028（編集）
振替 00150-1-4724
印　刷 図書印刷株式会社
製　本 図書印刷株式会社

乱丁・落丁本はお取り替えいたします。
定価はカバーに表示してあります。

ISBN978-4-259-56570-1 C0061